動手做 。家的私設計

一個創意家的修繕祕技大公開！
超簡單、最省錢、易上手！

動手做 。家的私設計
숨고 싶은 집

作　　　者：李江山
譯　　　者：張育菁
總 編 輯：陳郁馨
副 總 編：李欣蓉
協力編輯：默言
設　　　計：視界形象設計
行銷企劃：童敏瑋
社　　　長：郭重興
發行人兼出版總監：曾大福
出　　　版：木馬文化事業股份有限公司
發　　　行：遠足文化事業股份有限公司
地　　　址：231 新北市新店區民權路 108-2 號 9 樓
電　　　話：(02)22181417
傳　　　真：(02)22188057
Email　：service@bookrep.com.tw
郵撥帳號：19588272 木馬文化事業股份有限公司
客服專線：0800221029
法律顧問：華洋國際專利商標事務所　蘇文生律師
印刷：成陽印刷股份有限公司
初版：2014 年 05 月
定價：300 元

木馬臉書粉絲團：http://www.facebook.com/ecusbook
木馬部落格：http://blog.roodo.com/ecus2005

動手做 . 家的私設計 / 李江山編著；張育菁譯 . -- 初版 . --
新北市：木馬文化出版：遠足文化發行 , 2014.05
　　面；　公分
ISBN 978-986-359-005-7(平裝)

1. 家庭佈置 2. 室內設計

422.5　　　　　　　　　　　　　　　103005980

動手做 。家的私設計

一個創意家的修繕祕技大公開！超簡單、最省錢、易上手！

李江山 編著

當我感到疲倦時，
就是將生活藝術化的時刻！

離開現況去旅行，找尋真正的自我吧！我得列一張清單，上面載明「死去之前一定要做的事」才行！當我反覆說著這些話，也開始仔細檢視我所謂的「日常生活」。這不是在說那些不是很想放棄，只得繼續做的職場工作，而是能在週末徹底地休息，放下一切也沒關係的自在生活。以前有段時間，我也曾因工作而天天熬夜通宵，和那時比較起來，我應該感到滿足並且深深感謝了，特別是在這就業市場混亂的時代裡。

就算如此，每當星期日晚上，伴隨著 gag concert 的片尾曲播出，心中出現的那股嘆息又是什麼呢？

我的心沒有悸動啊！這簡直就只是陳腐的嘆息聲啊！

在這世上，誰不是每天庸俗地生活著呢？或許，答案也會得到千篇一律的一致吧！

那麼，我就得和其他人一樣那樣生活嗎？如果是，那幸福的一天何時才會到來呢？

我生氣了！我決心要更疼愛自己才行！

其實，我也算是很容易自卑的人，每天晚上總受惡夢所苦，看來我的心實在不算堅強啊！但我的心卻莫名地吶喊著「你真的很重要！你是特別的人！」這聲音總是縈繞於心、迴盪不已。工作時，我和客戶、和上司吵架，但這回我得和我自己爭執，不斷地探索自己內心到底喜歡什麼，就算說不出來，但也能藉由探尋的過程，將想法凝結成一股意念，不需要透過和別人比較，也會漸漸地清楚自己真正要的是什麼。

再次環顧我的日常生活，房間裡映入眼簾的是衝動購買的電子鋼琴、抽屜裡的相機、長滿了青苔的大型魚缸……。當初將這些東西搬進房內時，我的心真的興奮又激動！「總有一天，我要去阿拉斯加拍動物紀錄片！」比起這偉大的盼望，購入這些東西似乎是更具體、更容易、更好上手的行動（即使阿拉斯加的夢，最後只得珍藏在偏僻的大地裡）。當我細細審視它們，就可以發現，不管是練習口琴、跟著漫畫書學畫、還有小時候喜歡動物的那股雀躍，都深藏在這些物品當中，讓我沒來由地就喜歡上了！

　　「當我感到疲倦時，就是將生活藝術化的時刻！」

　　這是我的部落格使用的主標題，它也是我從未改變過的座右銘。我開始從周遭找尋我認為會很有趣的素材以及有趣的表現方式，這成為我用資訊來累積日常生活的過程。在這些過程中，我明白了一件事：人總是會被環境所支配，為了讓生活豐富多彩，我所生活的地方也必須精彩豐富才行！因此，我搬了家，打造出一個我專屬的祕密基地！事後也證實，環境的變化確實給我很大的幫助，沒有什麼比這些過程，能帶給我更大的喜悅和刺激了！

　　我把這些細微的過程記錄下來，雖然它們並非多麼了不起的巧思，但我仍希望各位讀這本書時，也能感受隨處都可以透過微小的創意，讓生活更加精彩豐富！

動手做 。家的私設計

目次 →

01 三十歲的搬家
漢南洞緣家

我熱愛搬家！應該說，比起搬家這件事，我更喜歡因為搬家所帶來的改變！不管是上下班所看到的風景、在超市工作的大嬸、常常聞到外送炸醬麵的香味、躺下睡覺時看到的天花板顏色……，這些變化就好像期待過新年，對我來說，既刺激又充滿了力量！即使搬家是麻煩的，但它總令我心蕩神馳！

30

三十這個數字，給人一種神奇的感覺。不只代表進入下一個十年，人們也開始將更多的時間，花在審視人生的角度上。在三十歲時回憶小時候的一切，屬於青春的彷徨都已結束，似乎也意味著該朝著既定的目標逐步前進。然而，真到了三十歲才發現，並沒有確切地抓住什麼，反倒因為單調的職場生活、逐步安定的生活，而讓內心的疑懼隨之愈滾愈大。

若説我有懷抱過什麼夢想，那應該是不論希望多麼渺茫，我都想成為一位作家！

不論是寫文章的作家、專長攝影的部落客、手工藝品達人等等，只要是以創意來完成的作品，就是我最想從事的工作。比起身在大型企業裡，被當作零件一般的消耗我的人生，我更希望自己的工作，即使毫不起眼，也能綻放出堅定的存在感。

「成為一個創新的人吧！」

究竟要怎麼做，我才能成為創新的人呢？我比任何人都聽從父母的話，完全是韓國教育體制下養成的平凡學生，就算長大進了職場，也是再平凡不過的普通上班族，加上最近大家都改用智慧型手機了，我卻覺得那種智慧型生活離我愈來愈遠；我想是開始出現初老症狀吧！至此我確實領悟到，我需要一個專屬的訓練場所，才能改變那些短時間內無法改變的事，甚至培養出我的創新性。因此，我第一階段的準備，就是換個新的居住環境。

搬家上癮者

　　我愛搬家！一般來說，全租制（譯者注：給房東押金，房東賺取定存利息，期滿領回）的房子通常以兩年為訂契約的單位。兩年，對我這個喜歡到處搬家的人來說，是剛剛好的時間間隔呢！經歷了春、夏、秋、冬之後，是否能交上幾個朋友呢？就算夏天沒有冷氣，我能撐得下去嗎？每當我看著房子，總會產生這些想法，並以那些經驗作為下一年找房子的參考，之後也能毫不留戀地搬出來，並且我將兩年訂為提升租房等級、也藉此存錢的合理期間。一開始，我從一間會散發霉味的半地下室，搬到了一樓的套房，卻發現隔壁棟的大樓擋住了窗戶的陽光，就算在白天，室內也必須開燈。但即使環境如此，也無法抵擋我內心那股成就感。

　　雖然，最近為了存夠資金而累彎了腰，有時也只能剛好維持生活而已。然而，我還是打算度過這困難的兩年後，能夠馬上搬到新的社區、新的房子裡住。當然，搬到下一個租屋，還不能說是我人生當中最順意的最佳選擇。但是我熱愛搬家！應該說，比起搬家這件事，我更喜歡因為搬家所帶來的改變！不管是上下班所看到的風景、在超市工作的大嬸、常常聞到外送炸醬麵的香味、躺下睡覺時看到的天花板顏色……，搬家的改變，如同對過新年那般期待，對我來說，既刺激又充滿了力量！即使搬家是麻煩的，但它總令我心蕩神馳！

　　再加上這次，我有必須構築「創新的環境」這絕佳的理由呢！

　　北上首爾之後，每當越過漢南大橋，看見漢南洞時，心裡都會想：這真是個超讚的社區啊！後方就是南山，正前方是漢江，地理位置真是棒極了！當我正想著這是寸土寸金的黃金地段，看到的卻是老舊而樸實的小山城。往山頂上的教會和修道院看，一棟棟房子層層堆疊而上，就好像歐洲的聖米歇爾山一般。實際走訪漢南洞的那天，我才深深的感受到，在首爾恐怕沒幾個地方，可以體會到這般彎彎曲曲的小巷弄，還有傳統市場溫暖的人情味了。充滿氣氛的咖啡店和異國料理店，誘惑著前來的我，而巷子裡的賭局，從老奶奶們開始，加上穿得像明星般耀眼的大叔、像天使般可愛的阿拉伯小朋友，或者打扮入時的金髮大叔，而我，就這麼迷上這摻雜了各式人物的景象。加上眼前就是可以騎自行車的漢江畔，霎時間領悟：「這色彩繽紛的地方，不就是我理想中的住處嗎？」

搬家的改變，如同對過新年那般期待，對我來說，既刺激又充滿了力量！即使搬家是麻煩的，但它總令我心蕩神馳！

初次的相遇

　　跟著房屋仲介與這間房子初遇的那一刻，我覺得自己好像走進了懷舊風格的攝影棚。這房子已有四十年的歷史，全租制的押金比想像中來得高，也不是我想要的房屋構造，本想當場就拒絕。然而，實際上這房子並不簡單，加上當時偏偏碰上租屋市場價格大亂，我理想的全租制房屋，都位在小山丘的山頂上。我聽到心中有個聲音說：「除了這房子以外，再也找不到這種條件的了！」於是，我又再次仔細地端詳了這房子，別的不說，光是裡頭寬廣的庭院和花壇，就讓我有種物超所值的感覺，幻想住在這可能會發生些有趣的事情哩！最終使我下決定的理由，是因為這裡遲早會重新開發並拆遷，所以屋主答應我，不論我要修繕房屋，還是在這裡大興土木，完全可隨心所欲的發揮！比起乾淨俐落的開放式套房，這個能夠打造出合我心意的空間，說不定是上天更好的安排呢！於是，從一開始有點失望的印象，一下子就完全扭轉了！

就算能跨越國境與歲月的流逝，屋主的這面牆，
仍然無法被保留下來。

緣家

　　韓文「yeon-ga」這個字有很多種意義。最常被使用的意思是「因思念所愛的人而唱的歌曲」,以及「以自由的形式,用美好的旋律作出抒情又溫暖的樂曲」,這兩種都被稱為「戀歌」。而這個字作為「宴歌」使用時,則是「擺設宴席並唱歌助興」的意思;作為「緣家」之意使用時,則是指「有緣份的房子」。我覺得,若要建造具創造性的房子,就必須打造出能包容這所有意義的房子才行。我想,在這有緣份的房子裡,和朋友們聚在一起擺設宴席、唱歌助興,也想預備一間工作室,過著自由自在的生活,並從事可以抒發情感的工作。能創造出一直令人懷念的,就是我要的「漢南洞緣家」!

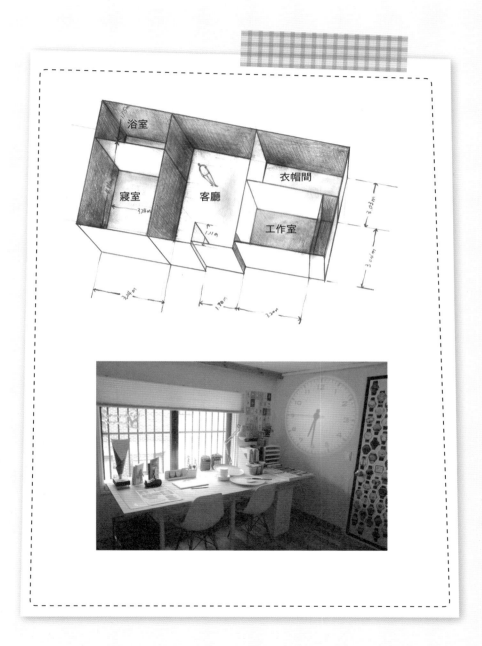

浴室

寝室　　客廳　　衣帽間

工作室

造就一個能和朋友們一同高歌、一起在工作室工作，一直令人懷念的家！

02 像電影院般的寢室 女性化又浪漫的工作室

更動裝潢與佈置是很辛苦的，當我反覆嘗試時，總是無法決定究竟要改變什麼？但即使出現那樣的害怕與焦慮，還是可以想像成是某種新手的修業課程！現在的我，似乎也對在牆壁上釘釘子產生信心了哦！

Before

一開始，我燃起了熊熊的創作欲望，便打算把最大的房間打造成我的工作室。但在放了電腦和投影設備之後，我開始很常在這裡吃飯、睡覺。後來的某天，我甚至把床舖都搬了進來……，最後，它也就不得不變成我的寢室了！

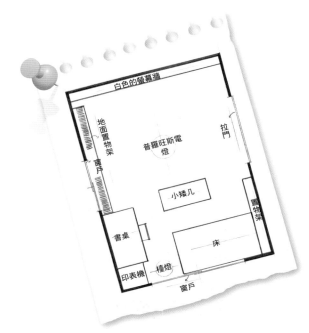

白色的螢幕牆

地面置物架

窗戶

普羅旺斯電燈

拉門

小矮几

書桌

置物架

床

印表機　檯燈

窗戶

After

這樣看來，這裡莫名其妙成了隱含浪漫氛圍的工作室。

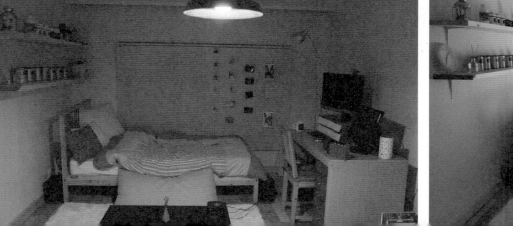

這裡集結了我曾擁有過的所有浪漫想法！

DIY 的裝潢工具

以下是做室內裝潢時多少都會用到的工具。但並不是所有工具都需要，可視實際需求再添購即可。電鑽、曲線鋸、打磨機這類工具，購買約五萬韓元左右的產品就足夠使用了。

油漆盤 用來盛裝油漆，並方便用滾輪沾取油漆使用的容器。最好購買比滾輪大的油漆盤較好，大部分以塑膠材質製成，就算油漆附在上面變硬了，也很容易去除。

油漆滾輪 使用時不會殘留刷毛，一次就可以上大面積的油漆，在刷牆壁時特別好用。一般使用七吋或九吋長的滾輪，刷毛愈長，每次能沾取的油漆量就愈多，刷起來也很順暢。

油漆刷 用來刷小面積以及滾輪無法刷到的地方，或是進行較細膩的上色作業時使用。建議最好能準備二至三種不用大小的刷子備用。

海棉刷 使用時不會殘留刷毛，且油漆不容易滴落，適合用來為家具上漆。可以備妥不同形狀、大小的海棉刷，在四角形海棉刷難以上漆時便可替換使用。

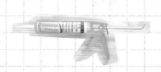

矽利康 可用來接合木材、塑膠或玻璃等，常使用在浴室或窗框最後的防水工程上。

橡皮刮刀 塗抹白色牆的必備工具。比起鐵製的刮刀重量更輕，抹出來的效果也更均勻。填入磁磚縫隙時也相當好用。

鐵製刮刀　塗抹白色石灰牆，或是除去牆壁上的異物時使用。

砂紙　砂紙的號數愈低，其顆粒就愈粗。因此，50 號砂紙的顆粒是 500 號的十倍大。一般 DIY 常用的則是 100 號與 220 號的砂紙。

木工膠　將木材接合時使用的乳膠。通常使用 201 號與 205 號的木工膠，其中 205 號的價格略貴，但黏著力更強。

無線式電動鑽孔機　因容易調整鑽孔力道，通常用來將螺絲釘釘入木板，或是作為螺絲起子使用。

線鋸機　適合家庭用的電鋸機之一。

有線式電動鑽孔機　在水泥或鐵板上鑽孔時使用。因為鑽孔需要很強的力道，因此，有線式的產品會更好。

打磨機　需要磨光的面積很大時，就可借助電器的力量來打磨。有四角形和圓形兩種款式，四角形打磨機可以使用一般砂紙，適合面積大的平面作業。圓形打磨機則必須購買專用的砂紙，但在打磨細微的角落時相當方便而容易。

家庭式的私人電影院

父親是一位篤實的基督徒，自然希望家中在禮拜天營造相當虔敬的氣氛。因此，讓眾多孩子不想做禮拜的「教會敵人」，就是與禮拜時間重疊的「迪士尼樂園」節目，還有我小時候非常喜愛的週日卡通了！就算非常想看，也完全沒辦法。我們家三兄妹通常只看那些標榜身心健全的節目，像是「動物的王國」、新聞、益智節目和紀錄片等等。

就算看了很多次獅子交配的場面，但只要電視上出現男女接吻超過兩秒以上，氣氛還是會變得有點奇怪，三兄妹中只要有一個人發現就會轉台。我小時候喜歡電影勝過娛樂節目，而且不論什麼題材都很喜歡。但因為我們家沒裝有線電視，也沒有收音機，所以想在電視中看到電影的機會，一週還不知道有沒有一次呢！現在和我同輩的人，就算家境不富裕，那些古早的電影，當時他們也都通通看過了！

因此，我經常想，若我家有個私人電影院，那該有多好呢？長大之後一直念念不忘的事情之一，就是想用高畫質的大螢幕來看電影。這對我來說，已經不只是興趣，而是具有更高的實質意義。因此，我一邊搬家、一邊著手計畫夢想中的家庭電影院。我打算將寢室其中一面牆全都塗上石灰來作為投射牆，在床的兩側中央再放上喇叭，這樣就成了 CGV 電影院了！首映場就決定是「黑天鵝」吧！仿如納塔莉‧波曼（Natalie Portman）真實呈現在我眼前，她迴轉飛舞的模樣盈滿了我的心！我不確定這樣的感動，究竟是因為電影，還是成功的家庭電影院呢！

打造白色的螢幕牆

這裡的螢幕牆，指的是塗上石灰的牆壁。以前
抹上石灰是為了填補裂縫，它的優點是成份天
然、價格便宜、容易塗抹，而且可以表現出想
要的質感，還能打造出與眾不同的氛圍。通常
都只使用基本的石灰塗料。當然也有重量很
輕、容易塗抹在牆壁上的，甚至也有很能對抗
濕氣的防水石灰塗料等等可選擇。

為了打造出螢幕牆，需要漆上無光澤的白色油漆，但因為壁紙的花紋或紋樣無法就此被掩蓋，所以需要塗上石灰。將石灰塗料直接抹在壁紙上，若牆壁面積很大時，就戴著橡皮手套，用想要填滿所有空間的心情慢慢塗抹。

把用橡膠手套抹上的石灰，用橡皮刮刀均勻地整平。與鐵製刮刀相比，橡皮刮刀使用起來更加柔軟好用。

花一整天時間等石灰乾燥，再針對塗得不夠或是坑坑洞洞的地方，再加強塗抹一次。

用刮刀還是難以抹平的部分，最後再用砂紙打磨就可以了。用砂紙磨平時會有很多粉末掉下來，請一定要先戴上口罩再進行。

想做出凹凸不平的石灰紋路，只要一邊等石灰變硬，然後讓粉末自然掉下來。想要更換其他顏色的話，可以在石灰牆的表面塗上調和漆，也可將石灰與調和漆混合起來，這兩個方法都可以做出石灰牆堅硬外觀的效果。

投資並不容易，這絕對不只是女友花 11000 韓元買爆米花套餐，這麼簡單的事情而已。

少女的感性 (1)：兩公尺長的原木置物架

　　因為屋主同意我將房子的裝潢全都打掉重弄，讓我就更理直氣壯地，在這租來的房子裡到處鑽洞、安裝懸掛式的置物架。懸掛的木板不但可作為收納用，看來也十分美觀。當然，和中規中矩的書架或裝飾櫃相比，它並不是精緻漂亮的。不過，這橫放的結構倒也顯得大器，在清爽、開放式的空間裡，依序放上書籍與擺設品，便有極大的裝飾效果。觀看這些物品時，也能從中感受到屋主的個性、興趣，甚至是年紀與人生觀也能窺知一二。我對室內裝潢 DIY 的想法，則是強烈地表現在我親手塗繪出的油漆作品中。

安裝原木置物架

為了安裝原木置物架，必須優先考慮的就是屋主的需求，還有需要好好檢視牆壁的狀況。雖然不是水泥牆也可以安裝，但因為木頭或石灰牆的支撐力較弱，若掛上較重的置物架，就很容易掉落下來。

01

先考慮要放在置物架上的物品重量，來決定原木木板的厚度和寬度。若想懸掛超過 150 公分長的置物架，為了讓木板不被壓彎，厚度至少要在 3 公分以上。

02

03

置物架的支架和原木，隨著其重量不同，大小也不盡相同。照片上的產品是 HAFELE 公司生產的弧形支架，是較低廉、具設計感且耐用的產品。

標示好支架螺絲的安裝位置，再用電鑽在水泥牆上鑽孔。必須使用非木材用的水泥用鑽頭，等鑽頭完全裝好之後，再以統一的孔徑和深度來鑽孔。

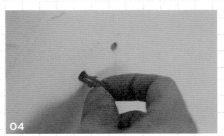

在鑽好的孔內放入螺栓。太緊的話用錘子慢慢敲入即可。將孔鑽得較小,就不需要花太多力氣,對牆壁也不會造成過多傷害。因此,選家庭用的螺栓時愈小愈好。通常在一般五金行,就可以買到直徑 6mm 的螺栓。為了將釘子牢牢固定住,螺栓是必要的材料!

將置物架的支架固定在牆壁上,並將螺絲釘轉入、固定。

將整塊原木板安放在支架上,用螺絲釘將支架與木板固定住。因為原木的材質較軟,在轉入螺絲釘時很容易就嵌進木板裡了。

這是許多人會使用的充電式電動鑽孔機。使用電池充電,所以不需電線,常用於在木板上旋入螺絲釘,或是電動螺絲起子使用。優點是重量輕、使用起來安靜又省力。

有線式電動鑽孔機,因需要耗費很大的電力,因此需以電線來提供電力。它也兼具錘子功能,能夠鑿穿水泥。在牆上安裝置物架時,一定得使用有線式鑽孔機。但它的重量較重、聲音大,將螺絲釘旋入木板時,常會因不容易調整使用力道,而需要一直更換螺絲釘,這也是使用它較為不便的地方。

如照片所示,鑽孔機分為鑽頭和機身兩個部分,用於一般的木材鑽孔作業,或是在水泥牆上作業時,要視情況轉到不同的開關來使用。使用鑽孔機時,會感受到不間斷的錘打力道。

鑽頭也分為木材用和水泥用的兩種。一般常見的是照片上方的黑色木材用鑽頭,而銀色鑽頭則供水泥使用。

木材用的鑽頭,其螺旋刀痕比較鋒利,尾端尖細。

水泥用的鑽頭,其螺旋刀痕不深,尾端則長得像魟魚一樣扁扁平平的。

少女的感性 (2)：用書本建構的置物架

　　見到細心的屋主，就會發現就算不在牆上鑽孔，也能將書作為底座，完成獨特的置物架哦！不管怎麼努力讀，擱在一旁未讀的書本還是很多，那就把它們當作置物架的支腳吧！「因為在這麼雅致的房間，當然要有五、六個置物架，這樣讀起書來才會起勁嘛！」雖然我這麼想，但卻常因為房間太過幽靜，書讀了沒幾頁就進入夢鄉了呢！

少女的感性（3）：鐵絲做成的相框

　　我覺得想成為作家的話，必須具備更敏銳的感受力才行。事實上，朋友們說我很中性，照片看來也有些女性氣質，第一眼看到會有些猶疑，不過，只要一開口便可確知是男是女了。每日起床睜開眼睛，第一眼看到的照片都是那麼地感性而柔和，讓我連打電話給家人也會想多講幾句。在陳舊的窗簾軌道上掛上鐵絲，懸掛地照片就可以隨風搖擺。如果照片是賞心悅目的女孩，將它放在枕頭邊，讓美好的早晨就從「她」開始，這該是多棒的事啊！

製作鐵絲相片集

雨停了。慢慢地打開窗戶，縫隙間紅色的花瓣正閃耀著光芒！走到屋前的巷弄，我淋著毛毛細雨，拍下了灑落一地的花瓣。生命流逝的腳步即使有所差異，但它們似乎知曉最終的結局，淋著雨的花瓣，更加赤誠地燃燒起來！我將照片用印表機列印出來，製作成鐵絲的相片集，好似讓這些已逝的花瓣得以永遠綻放！

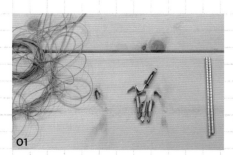

01

02

準備鐵絲、鐵製吊鉤和磁鐵，可以在五金行買到，或是在網路上查詢「鐵絲框」就可找到。

量出想要的鐵絲長度，將它稍微彎曲後，用虎口鉗剪斷。

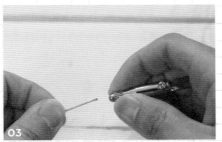

03

將鐵絲穿入鐵製吊鉤的螺絲洞裡。

04

旋緊螺絲，將鐵絲固定。

05

窗簾軌道的吊環上夾上吊鉤。

06

將照片靠著鐵絲，然後用迷你磁鐵吸住鐵絲和照片。照片較大的話，必須正反面都用磁鐵夾住才不會掉下來。

07

將剩下的磁鐵吸附在鐵絲尾端，鐵絲就不會隨意搖動了。

08

移動窗簾吊環的話，可以調整鐵絲之間的間隔大小。

鋪地墊 ,,,,,,

雖然有許多人鋪設磁磚，但為了呈現出原木的感覺，最近仍是有不少人選擇施工容易、易於清理的原木色地墊。愈是使用有厚度感的高級地墊，愈能表現出原木的感覺，而且表面堅硬，踩起來也不會嘎嘎作響。

01

訂購比房間更大10~20平方公尺的地墊備用。

02

在水泥地的各個角落，倒入地墊專用黏著劑，若是比較厚的地墊，因已具備厚度感，就算不使用太多黏著劑，地墊也不會翹起來。

03

把靠牆部分的地墊預留 5-7 公分，往上折就可以充當踢腳板，然後工整地將它裁斷。若想另外放上踢腳板，可以參考上方的照片，劃出地板與牆壁的分界線，然後用刀片將它裁斷。

04

一般販售的地墊，通常以 180 公分為單位，大部分房間至少要鋪上兩塊才夠。彼此重疊的部分要工整地裁切。先把兩張地墊重疊的部分上下疊在一起，用膠帶黏貼讓它們不要移動。第一次嘗試時，可參考圖片，選擇原木花紋分界線的其中一個，筆直而工整地沿著分界線，用刀片將兩個地墊同時裁割，然後將上方與下方地墊割下來的部分除去就可以了。

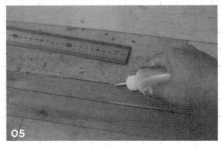

05

萬一用刀片割錯而將地墊割壞時，就塗上快乾膠。因它透明又堅硬，就可以防止割錯的痕跡延續下去。快乾膠前面的噴頭是 T 字形的，因此可以集中塗在割錯的地方。

06

地墊的種類，有些可以回收再利用，有些不行。處理舊地墊最確實的方法，就是請附近的二手店免費將它們收走。依據地墊種類，有些也可以因回收而小賺一筆。

沒有自來水

這裡沒有自來水。我想應該是被斷水了，即使查了自來水公司的網頁和知識家，也沒有得到解答。我想知道附近的房子是否也沒有自來水，所以拜訪了共同負擔水費的前、後兩棟屋主。前棟房子有兩隻喜歡狂吠的狗，而住在地下室的據說是位實習醫生，但搬來後就再也沒見過面。我詢問屋主那位房客的電話，他告訴我：「是仲介公司介紹的房客」。

我去了仲介公司說明來意，但仲介就只說：「怎麼可能沒有自來水？」然後十幾秒的沉默和直盯著我看的眼光，是打從我和他簽契約開始就很討厭的眼神，有事找他又常裝忙，令我對他感到心灰意冷。

「有自來水的話一定會通過水錶，去院子找找看一定會發現的。」

水錶？一棟建築物因為有很多住戶，所以應該有很多水錶，我記得在房屋入口處有一整排塑膠蓋，那應該就是水錶吧！

住在樓下的大叔走上來抽菸，我就請他告訴我各個水錶是哪家用的。到處看過之後，我們的結論就是自來水公司已經安裝了新水錶，但它可能被鎖住了。過了一陣子，果然樓上的老先生才告訴我，曾經因為哪裡漏水，所以把水錶鎖起來。我想，若是在其他較新、較整齊歸化的社區裡，根本就不會經歷這樣的事。對這種老舊的房子，就算有甚麼問題也多只是束手無策。但如果你想知道舊房子裡這些像水錶的閒事，只要去問問老鄰居，這棟房子哪裡複雜、哪裡麻煩，很多問題就能迎刃而解了。其實，雖然我認真讀了大學，畢業後從事專業工作，但關於水錶這種簡單的生活瑣事，還真的不知道而得向人多問多學呢！

就算接了自來水，若水錶不運轉的話，可能是被鎖住或是出現其他異常。
相反地，沒有讓馬達運轉也沒接自來水，但水錶卻仍有運轉的話，就得小心是不是漏水了哦！

想維持感性的生活並非易事

漏水了

　　沒有自來水雖然是個問題，但長長的梅雨季裡，房子漏水可是更大的問題！就像是操刀替房子做外科手術一樣，得想辦法擋住天花板並讓水排出來。因為這是都市更新區的舊房子，我並不打算將它整修得那麼新穎，只要居住舒適就好了。

　　首先，更換室內裝潢與這裡是否為都市更新區，其實沒什麼太大的關係，重要的是屋主是否同意。

　　第二，住的是這麼老舊的房子，就算可以更新房屋外觀，裡頭還是會有大大小小的問題發生。

　　第三，不知道什麼時候才會都市更新，這點對租屋者來說，也多少會造成心理上的不安。

　　我和屋主談好，這間房子的漏水問題，要在簽約後到梅雨季之前處理好。不過，在頂樓租屋七年的老夫婦，與我這搬進來才三個月的租客間的立場實在有差異，因此這事情就此延宕了。後來只要一開始漏水，屋主就得急忙找工人清理屋頂上的雜物，還曾被三更半夜出去喝酒的老爺爺，以為家裡被外人侵入而報過警呢！那天晚上，我聽了喝酒的老爺爺不斷長吁短嘆。屋主說他是不法侵佔，但老爺爺卻說，不還他保證金的話就不搬出去。到底誰對，我漸漸搞不清楚了！

　　梅雨季結束後，老爺爺搬走了，處理漏水的工程才正式展開。

　　現實中繁雜的事情不只出在人身上，還有常吠我的兩隻狗呢！鄰居們嫌牠們太吵的民怨不斷，後來也因為狗主人老夫婦搬家，牠們也在兩個多月前跟著消失無蹤了。

　　我想一直維持著我理想中的人生觀，以感性的方式來過生活。不過所謂的人生、所謂的人際關係、所謂的社會，都不是那麼簡單就能運作起來的。從今年開始，我最討厭的季節，已經變成夏天了啊！

０３ 像咖啡館的客廳
一個人也可以享受浪漫時光

現代人在社群網站的對話是泛濫的，
卻常與相視而坐的人無言。當我凝視
雪景，總在心底想著許多事，不起
眼的日常故事、自身的苦悶和哀嘆、
還有人文和哲學的故事等等。就像漏
斗效應一般，所有的對話都歸結成
愛情的故事，關於戀愛與結婚的事，
我也無法從中逃離⋯⋯。

Before

那陣子似乎只想割捨一切來過生活。

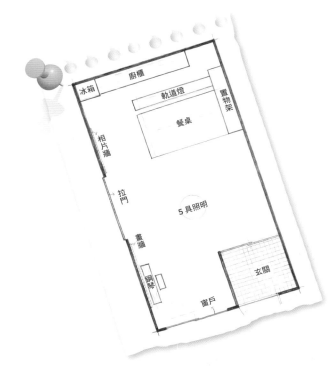

After

因此我把牆壁漆成了紅色。

洗米洗到一半也覺得很對眼的廚房！

連房間看起來都像一幅畫。

一個人也能成功調製水性油漆

試著為房子上油漆，是我在簽完租屋契約後又一個新的「第一次」。那是位於弘大附近的小套房，當時最紅的韓劇「咖啡王子一號店」，我也非常喜歡，因為拍攝場景就位於弘大週邊，為了想體驗劇中的氣氛，所以租了那裡的房子。不過房子的實際情況和韓劇大不相同，牆上所貼的黃色老舊壁紙，上面居然有多達300隻的長頸鹿、猴子和鱷魚圖案！剛搬進去的那天我根本睡不著，還是數著牆上的長頸鹿入睡的呢！但我還是無法忘記對租屋的浪漫憧憬，所以我沒跟屋主說，就將牆壁和門漆成白色，並將其中一面牆漆上在韓劇中曾出現於寢室的蘋果綠。其實，就算我覺得改變顏色會更好，我也清楚租來的房子是不能隨意更動的。加上從銀行提早退休的屋主，是我到目前認識最小氣、思考方式非常主觀的人，我也會擔心他生氣。不過有一次，房子廁所的自來水管破洞，我人還在公司，屋主就自己進房子處理。我擔心不知道他看到會有何反應，正當我坐立難安的時候，收到了屋主發的簡訊：

「小伙子，你也太夢幻了吧！我的牆壁什麼時候漆成這種風格的啊？換水管的費用，免費！」

我居然從六十歲的老人家那裡，得到三顆紅心！想想也真的是……。

因為這件事的轉折，我開始愛上水性油漆。雖然上油漆的過程中肩膀會痛，但一個人做其實很容易，空氣中沒什麼油漆味，且成果看來簡單而大方。因為一個人就能上手，不管是房間、窗框還是廚櫃，只要塗上油漆，氣氛就會完全改變！我把寢室的主題訂為「感

性」和「休息」，使用了輕淡的色調，而客廳的主題則訂為「摩登」和「聚會」，所以我選用了黑色和紅色的油漆。這棟房子的構造簡單，而內部看起來很寬廣，若是一般簡單的室內裝潢，不容易給人摩登又俐落的感覺。因此，我選用強烈的對比色，這樣不但引人注目，更可以遮蔽房子太大的缺點。加上我認為紅色可以帶來羅曼蒂克的氣氛，也有促進食慾的效果，算是很適合廚房的色調。而且，在本來的壁紙中看來很普通的白色門，放到紅色牆壁當中就變得閃閃發亮了，紅色的牆壁就是有這麼多的好處！若要說它唯一的缺點，應是晚上出房門去喝水時，怕是會因為看到牆壁而感到興奮、睡不著吧！

關於油漆的完整情報

問題1、油性漆與水性漆的差異是什麼？

按字面上來說，就是差在稀釋劑是油還是水。兩種油漆都可應用在多種用途上，油性漆對牆壁表面的附著力強，散發的氣味也帶有毒性，稀釋或修正時必須使用香蕉水（稀釋劑）。相反地，水性漆用水來稀釋，不但使用方便，也不會有過重的味道產生，因此常使用在一般家庭的裝潢上，最近在國內、外也推出很多環保的水性漆。

問題2、家具用的油漆與牆壁用的油漆有什麼不同？

隨著生產油漆的公司不同，有些產品並不會區分家具與牆壁用，而有些產品則有所區分。這兩種油漆，在外觀或漆起來的手感上幾乎沒有差異，不過家具通常會有摩擦產生，必須經常用抹布擦拭，因此，家具用的油漆必須具備更好的附著力，漆上後表面也應該更堅硬。據說它不需塗上清漆，不過為了擁有更堅硬的表面，建議還是反覆塗上清漆吧！在價格方面，家具用的油漆比牆壁用的油漆大約貴上20%。

問題3、無光澤和有光澤的油漆有什麼不一樣？

塗上油漆時，它們能夠反射光線的程度並不一樣，隨著周遭亮度愈高，表面看來愈是光滑而堅硬，因此，比起用途的差異，倒不如說是端看個人愛好。天花板通常會設置電燈，所以較常選擇無光澤的油漆，而牆面則會選擇無光澤，或帶有些許光澤的低光澤油漆。使用在家具或門上時，可視個人喜好選用無光澤、反光與有光澤的油漆。

問題4、是先將壁紙拆除再塗油漆好呢？還是直接塗在壁紙上呢？

兩種方式都可以採用的。不過第一，將壁紙剝除乾淨比上油漆還要費工夫，而且在各位的牆壁上，說不定留有各位所不知道的、關於這個房子的歷史紀錄吧！

第二，不論各位是房客還是屋主，以後若想隨心所欲地改變牆面顏色，到時就得把牆上的油漆或石灰去掉。那麼是連同壁紙一起去掉比較方便？還是將水泥牆上的油漆整個去掉比較方便呢？以這樣的觀點來看，將油漆塗在壁紙上其實是更好的做法哦！

問題 5、要怎麼漆呢？

利用油漆滾輪、刷子、海棉等工具就可以漆了。牆面這類很寬的地方，用油漆滾輪漆起來很快，滾輪漆不到的地方，則可以用刷子來漆。在為家具上漆時，使用海棉將不會殘留太多的印子，油漆也不會滴落下來。在刷油漆時通常會漆個二、三次，每次都以差不多的濃度均勻上漆。事實上，比起厚厚地漆一層，選擇薄薄地漆上幾次，反而會讓油漆更牢固，且每漆一次，就要等牆面充分乾燥才可以再漆第二次，這樣才不會留下漆過的痕跡，也會讓牆面更加結實牢靠哦！

問題 6、如何選擇油漆的顏色？

每間製作油漆的公司都會提供色卡，可從色卡中選購喜歡的油漆。不過要注意一點，因為每台電腦螢幕都會有色差，且隨著上漆地點的光線與油漆種類不同，呈現出的色澤也有相當大的差異。還有，油漆裝在桶內時，與漆上去之後的顏色也有些許不同。建議可試著先漆一小塊面積，看看感覺如何。當想像與實際狀況有落差時，可以使用市售的壓克力顏料，慢慢地混合後，就可調成自己想要的顏色了。

問題 7、有光澤的油漆？有光澤的清漆？

牆壁呈現出的亮度，會受到最後一層漆的影響。舉例來說，在無光澤油漆上面塗上有光澤的清漆時，就會呈現出光澤。因此，若打算漆上無光澤或有光澤的清漆時，只要使用價格低廉的低光澤油漆就可以了。

問題 8、底漆、油漆、彩繪塗料和清漆的差別是什麼？

底漆又稱為打底劑，要先漆上底漆，才能讓塑膠、金屬、木材平整地服貼在牆面上。油漆若是漆在木材表面不會被吸收，而是覆蓋在上面，但彩繪塗料漆在木材上時就會被吸收，而呈現出透明的樹紋。清漆則是在漆完油漆或彩繪塗料之後，為了保護表面不會髒污或受到水氣侵入，並能呈現光感所塗上的透明漆。

就算是獨居男性，也需要八人用的餐桌

一個人要過獨居生活其實蠻說不過去的，所以，我才要搬到擁有大型廚房與庭院的房子裡。這棟房子對我想藉此擴張人脈，其實扮演非常重要的角色。我可以和朋友們在院子裡烤肉、圍坐在桌前一起哈哈大笑、一起聊天到深夜……，所以，我覺得對這房子的投資非常值得。搬家之後，等客廳的裝潢完成，我就辦了六次的喬遷派對！我招待同事和幾年沒見的大學朋友們，一起到家裡吃吃喝喝，只有男人們的聚會，當然要叫些啤酒和熱量超標的披薩來吃，然後玩玩花牌度過熱鬧的夜晚！但讓這一切實現的功臣，卻是我只花七萬韓幣打造的八人座原木餐桌！

住在夏威夷的學長和日本朋友來我家借住了幾天，我的房子馬上就成了熱情贊助的旅居處。我和招待過的許多熟人們，一起在這張桌子上分享彼此的人生、國家和文化的故事。這些訪客們要回國的日子，我因為公司出差沒辦法去送行，但下班後卻發現他們為了我這單身漢，偷偷地做好小菜留給我。我一邊讀著夾雜了韓文和英文的信，一邊吃著涼拌鯷魚，讓我深感溫暖又火熱。看來這餐飯不只填飽了肚子，這餐桌也不單只是吃飯的地方而已啊！

雖然不知夠不夠堅固,但費用最低廉、最簡單能製作的家具就是餐桌了。我的做法是將桌面組合在桌腳的框架上,因為可分開成兩個部分,搬動時非常方便。而且只要兩個大男生使用傳統電鑽和螺絲釘,不到兩小時就可以搞定了!

01

首先購買木材。事先做好設計，再請木材行按照規劃好的尺寸裁切，就不會浪費木材。接下來的作業就會非常輕而易舉了！

02

依照桌面木板的大小，製作火車鐵軌模樣的框架，用螺絲釘，將桌腳以 90 度直角安裝上去。餐桌的高度為 70 公分左右，較符合多數人的需求。

03

就算某一個桌腳故障，只要中間有固定板，就能預防桌腳扭曲歪斜。

04

下方的底部構造完成了。

05

桌面是由四塊相連的板材製成的。在並排的板材上，用適當大小的螺絲釘，釘上一塊橫放的木板，能使桌面固定而不移動。

06

將桌面用螺絲釘固定在桌腳的框架上就完成了。這樣的長桌，連結桌面的板材個數愈多，愈能防止變形和凹凸的情形發生。若是擔心不小心將飲料打翻、破壞桌面，只要在完工時漆上清漆就可以安心了。

購買木材

關於木材,可從家附近的木材行或網路購買。就近尋找木材行的優點是搬運方便,而且因為是親自選購,許多店家都可提供免費裁切服務。不過要注意的是,每間木材行提供的木材種類不同,價格也有差異。

在網路上也有著名的木材網購站,或是 DIY 材料網購站。不但價格低廉、查詢方便,而且能買到各式大小與種類的木材。只不過運送費用和裁切費用通常另外計算,等待木材到達也相當耗時間。若是將木材裁成某個尺寸以下的大小,就可以用宅配運送到府,但如果是大型木材,就必須請貨運行或卡車才能運送。

一般經常使用的 DIY 原木

雲杉　重量輕、色澤明亮且容易加工,是 DIY 時經常使用的原木。

赤松　與雲杉類似,但重量稍重且色澤較紅。

杉木　價格低廉、木材會散發出香氣,也會散發出很多的芬多精,因此經常使用在小孩子的房間。

美國松　在針葉樹中是硬度最強、最少變形的木種,很適合使用在堅固的家具上。

集成方式的種類

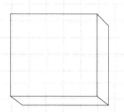 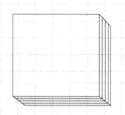 

原木 將樹木砍下，經過一定加工後的木材，帶有樹木原本美麗的面貌。不過，大面積的原木並不容易買到，價格也很昂貴。隨著樹種與放置時間的不同，可能會有彎曲或龜裂的情形發生。

合板 將薄木材一層層地貼合所製成的木板，經常使用在需要寬大板材的用途，且很少會發生變形的情況。

MDF 將木屑用黏合劑壓成，因此並不帶有木頭的紋路。主要使用在價格低廉的家具上，表面常會貼上帶有木紋的色紙。所含的水份很少，且因接著物質帶有甲醛，卻比合板更常被使用，所以常導致「新家具症候群」發生。

集成材的種類

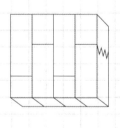 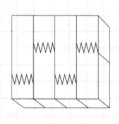 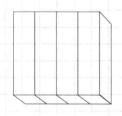

暗齒指接板　　　　　　　　明齒指接板　　　　　　　　實心方式

集成材 意指將原木鋸成一定的大小，用接著劑貼合後製成的木材。這是為了解決大塊原木運送上的不便，且經常使用在製作家具上。因為是由不同的木塊貼合而成的，很少發生彎曲的情況。不過，木材的指接就好像雙手手指交握一樣，雖然價格低廉，但接合面相當顯眼。相反地，只以一種方式接合的實心方式，其集成材仍然保有如同原木般的感覺，所以更受一般消費者的歡迎。

我專屬的美術館：照片牆

　　有一個名詞，叫做「自發的強制性」。不論是多麼喜歡的事物，久了也會因懶惰而興趣缺缺，因此我準備了一套樣版。不管是搬家還是修繕房屋，只要用這一套樣版，就能讓空間充滿創意與氣氛。在這個概念下，我決定親手打造一個美術館，也就是在客廳牆壁展示我的照片和畫作。我的目標是將放了照片的相框滿滿地懸掛在牆壁上，只要訪客來到我家，便不得不注意到我的作品，這樣更可以激發我的好勝心，進而拍出更多的好作品。在繁多的照片中，要選擇哪些照片放入相框呢？我苦惱的程度還真不亞於畫廊老闆哩！對拍照燃起了熱情是件好事，這些照片一張張地發展成故事，也給我帶來很大的助力。只要坐在寬廣的餐桌前，視線就一定會被一旁的照片吸引住。像去西班牙自助旅行的照片中，對某個老爺爺的故事記憶，從那影像裡不時地跑出來，還因為這些照片的影響，讓我和朋友們忍不住約好暑假去濟州島旅行呢！

在旅行中留存的回憶，變成了一個個精采的故事！

在牆上的畫，可隨著季節轉換而改變，繪上落葉或楓葉，或再重新繪製綠葉。

我專屬的美術館：畫作牆

接下來，我打算用剩下的油漆在牆面上畫出點描畫，於是自行製作了大型畫布，然後在上面作畫。我畢業於視覺設計系，但小學時從未想過要走上畫畫一途。到高中時，我和大部分人一樣，覺得應該讀和電腦有關的科系，於是選擇理科。然而，在父母私自盼望我讀電腦工程系時，我卻交了一位大我一歲的筆友，一心想讀美術大學的學姊。她告訴我：「身處在地方名校的過度競爭下，會荼毒了我的創意與人生。」就因為那位從未謀面學姊的忠告，在聯考前幾個月，我轉而準備藝能考試。雖然老師和父母相當擔憂，卻更堅定了我的執著。然而，現在我能夠一邊畫畫，一邊感受那股趣味和悸動，完全是因為那時我也懷著如此熱切的盼望。

我沒有考術科，只憑著成績入學。那時我有個綽號叫「筆試機器」，因此事著實讓我的大學生活充滿了自卑感。大部分的考試都用電腦考，因此沒什麼問題，但我真的很羨慕那些抓了鉛筆就能隨興作畫的同學。（現在我也能隨心所欲地創作和畫畫，所以我的生活變成「技術能力至上」，現在反倒很羨慕那些使用滑鼠和智慧型手機作畫的朋友呢！）我認為相框和畫框的四邊框架，會框住了熱情與趣味。所以，我使用了系列式攝影大師——杜安麥可斯（Duane Steven Michals）的技法，從客廳看過去，讓我房間的門也成了一個巨大的相框，而生活在當中的我，也就成了藝術品的一部分。為了讓「日常生活藝術化」的理念，得以創造出驚人的效果，我還打算用黑色來製作所有裝飾框和踢腳板呢！在房間所看到的框架中，廚房的風景也深得我心呢！

在大型畫布上作畫

有時在資源不足的情況下，也會有好的巧思產生。因為大尺寸的畫布很難買到，所以我就自己製作出非常大的畫布，加上我不太會畫畫，便竭盡巧思，以單純倒上顏料的方式完成了漂亮的鹿角畫。

01 將直徑四公分的角材，鋸出想要的長度後，再以木工膠和直角形的角鐵將角材固定。

02 等待木工膠乾燥的期間，裁剪出合乎畫框大小的畫布，並用熨斗燙平。

03 在畫布上放上木框並噴撒些許水分。撒水的理由是讓畫布乾燥之後，能夠變得更加硬挺，然後再用釘槍將畫布固定在木框上。

04

邊角的部分，就好像包裝箱子一樣將畫布包折起來，再用釘槍固定，並修整布邊的線頭。

05

對畫畫沒有信心的人，可以像這樣利用投影機，將照片投影在畫框裡並照著畫，就可畫出與照片色澤、形態都近似的作品。

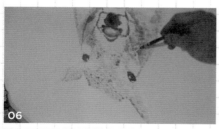

06

畫到一半可關掉投影機，一邊確認顏色並作補強。畫畫能力不夠好的人，就以巧思來決勝負！我用傾倒顏料的方式來畫鹿角，也營造出夢幻、超寫實的氣氛。

07

在牆上掛上角鐵，兩面貼上膠帶，然後將畫框放在上面，就能營造出畫框貼合在牆壁上的效果了。

聖誕節派對

「這是受到日本藝術家草間彌生的影響，將人類本然的獨立自我，與在社會中形成的匿名對象形象化的裝置藝術作品⋯⋯。」我很想這樣介紹，但對這兩個家人不在身旁，也沒有女朋友的男人來說，這只是用來慰藉孤獨的155個天花板聖誕節裝飾品吧！事實上，我對超現實的裝置藝術很感興趣，但只用五萬韓元真能做出獨特的聖誕節裝飾嗎？我和朋友一起將它們掛上天花板後，看著心情也變得輕鬆起來，客廳似乎成了多功能的實驗場所了！

我想趁新居完工的時候擴展我的交友圈，便透過我的部落格發出交友帖，在聖誕夜招待了兩位同樣孤單的女性友人。三個人彆扭地圍坐在餐桌旁吃飯、交換禮物、在聖誕節玩著應景的擲柶遊戲（韓國常見的民俗遊戲）而打成一片。之後，我和他們偶有連絡、問候，有時一起去爬爬山，從網友變成真正的朋友了。這似乎是我第一次按照心中所想，將客廳打造成多功能的交誼空間。

我對一起工作的哥哥說:
「哥!我先前計畫時,也始料未及會有這樣的效果啊!」

廚櫃的外觀改造

	紙皮	油漆
優點	• 施工過程比上油漆容易。 • 表面平整且乾淨俐落。 • 較能抗水氣或外力衝擊。 • 拆下的話可以重新復原。	• 凹凸、彎曲和有棱角的部分都能輕易地上色。 • 隨著種類不同，價格比紙皮稍微來得低廉些。 • 若表面有刮傷，只要在那個部位用油漆補強即可。
缺點	• 貼合時容易產生氣泡。 • 凹凸、彎曲與有棱角的部分不容易貼合。 • 只能表現出紙皮既定的紋路和質感。	• 和紙皮相比，施工時間較長。 • 表面有可能因為刮到或碰撞而脫落。 • 表面的紋路看起來有可能較雜亂無章。 • 塗上油漆後便不可能恢復原樣。

01

某些情況下，可以直接漆上家具用的水性油漆，但若外面有貼著紙皮的廚櫃，通常都會先塗上底漆（打底劑）後再上油漆。

02

上第一層油漆，先用油漆完整覆蓋，然後讓它充分地乾燥。廚櫃的把手可先拆下來比較方便，通常只要解開把手後面的螺絲釘，大多可以輕易拆下。

03

04

接下來上第二層油漆。在油漆剝落或是薄薄塗上的部分，請小心慢慢地漆。第二次上的漆，必須以一定的方向來漆，漆過的紋路才不會那麼明顯。和油漆刷相比，使用海棉刷更不容易殘留刷過的痕跡。

最後，因為廚櫃總是暴露在摩擦與充滿濕氣的環境中，最好再塗一層清漆來保護。（要以一定的方向來漆，漆過的紋路才不會那麼明顯。）

01

準備好磁磚、接著用的水泥、勾縫用的水泥（白色水泥）。然後盡可能將紙皮或壁紙清除乾淨。

02

將接著用的水泥粉用水調和。調太稀的話很容易沿著牆壁流下來，調太濃又會不容易附著上去，因此要一邊慢慢地加水，一邊確認水泥的黏稠度是否適當。用噴霧器在牆壁上稍微噴點水，再用刮刀修整牆面上的凹凸不平，以 4-5 公釐的厚度均勻塗在牆壁上。

03

將磁磚正確地貼合上去後，用橡膠錘或是很鈍的刀背輕輕地敲打。

04

從磁磚縫隙中滲出的水泥，可用衛生紙、濕紙巾等擦拭乾淨。趁水泥還沒乾燥之前很容易擦去。

05

要將磁磚貼在畸零空間時,是先將大片的磁磚裁斷使用,不過小片的磁磚組後面有網紗膠帶,只要將它剪成所需的大小就可使用。

06

勾縫作業要在接著用的水泥完全乾硬之前進行。在黏得牢牢的磁磚上,塗上與水適當地調和的勾縫用白色水泥。使用橡皮刮刀的話,對磁磚表面較不會留下痕跡,也能將水泥充分地填入縫隙中。

07

過十分鐘左右,等白色水泥稍稍開始變硬時,用濕抹布慢慢擦拭,很容易就能把磁磚表面的白色水泥去除掉。

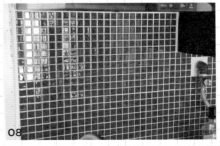

08

勾縫後再塗上清漆的話,就算沾到水或油漬,也能很輕易地擦掉。

紫丁香派對

　　當春天來臨，花園裡的紫丁香也準時地用香氣來報訊，我家的餐桌也來做做日光浴吧！因為餐桌是分離式的，很順利地就出了窄小的玄關。呵！不知道是哪位高手做的，做得真是好啊！因為紫丁香花開聚集而來的人們當中，也有去年一同製作餐桌的學弟們。我並沒有做什麼下功夫的好菜，但大家都說好吃，應該是因為庭院太美、食物也變得可口了吧！當時一邊簽房子合約，一邊就想像的美好場面，現在都一一地實現，過程中曾經面臨那些始料未及的困難，現在也通通忘記了。我就這麼沉醉在紫丁香的香氣裡，也沉醉在人們的絮語中……。

我正緩慢地實現自己的夢想中。

應該是非常細密的心，但它並非刻意就能造就的。

偷偷為鄰居們製作的郵筒

因為這是都更預定地，搬來後碰到的文化衝擊之一就是郵筒了。這棟建築從 1970 年至今就只有一個郵筒。住在這些房子的人也換了好幾批，但所有的信件都是配送到這唯一的老舊郵筒裡，經常上演的就是在信箱裡翻東翻西的找自己的信件！剛開始，我本想買個專屬的郵筒掛在外面，但當我做好餐桌時，便興起用剩下的木材邊角製作郵筒的想法，甚至想連鄰居們的郵筒也一併製作。我想既然要做，就一定都要做得漂亮才行！在考慮過工程期後，我便追加了些許預算，新郵筒的製作就這麼展開了。

將自己的設計實現出來的過程真的很有趣。以前住在論峴洞的別墅時，我壓根沒想過要自己製作郵筒，但所謂的「創意」，也許就是「不足的想像力」遇見「追尋好處的心」所迸發出來的！

事實上，也不能說我帶著非常大的善意來做這件事。我做了四個郵筒，做得最漂亮的當然就是我家的囉！做得還不錯，但上面的木紋有點不太順的那個，就送給了和我特別要好的、住 102 號的老爺爺。從未謀面的 103 號小姐，似乎也沒什麼在收信，就給她邊角有點碎裂的信箱。至於樓下那個愛亂丟菸蒂的實習醫生，又因為要收他的水費跑了好幾趟，我就不特別幫他做，讓他和其他人共用一個郵筒。就算這樣，找郵件還是比之前方便多了！我丟掉破舊郵筒、裝上新郵筒後，偷偷觀察大家的反應。猜想郵差大叔會依舊把郵件投在同一個地方嗎？還是會分別投進各自的郵筒？隔天，我跑去看大家郵筒裡的信，然後滿意地笑了！幾天之後，102 號的老爺爺向我打招呼：「小伙子！是你掛上的郵筒吧！真是好得沒話說呢！很好用啊！」個性害羞的 103 號小姐，因為家門口在另一邊，似乎還沒發現新郵筒的存在，我便寫好了郵筒的位置告訴她，從某天開始，她也自然地從新郵筒內取件。樓下的實習醫生依然忙到不太進家門，似乎還是不怎麼去確認信件。

因為是我做的，我也帶著個人情感在看待這些郵筒。雖然在這次的驚喜活動，大家的反應馬馬虎虎！但每次進出玄關時，我都會稱讚我自己：「做得真是好啊！」

04 地中海風格的浴室
曾是我最嚮往的夢想

開始了新的一年，同時我也辭職了。
隱含在 32 這個數字中的焦躁，與其
說是「追求安穩」，不如說更貼近
「實現熱情」。暫且讓我毫無雜念
地，只單純的做自己想做的事情吧！
隨之神奇的事發生了，隨著白天時間
變多，許多創意巧思，也如泉水般的
不斷湧現……。

Before

長達一年的時間，我都在這麼平凡的浴室洗澡。

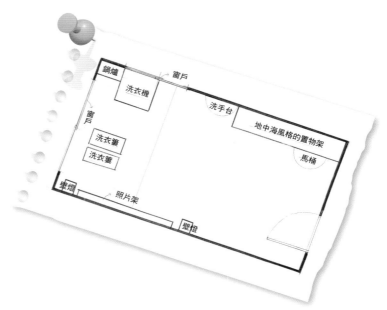

鍋爐　　　　　　窗戶
洗衣機
窗戶
洗手台
地中海風格的寶物架
洗衣籃
洗衣籃
馬桶
蠟燭
照片架
壁燈

After

改造成地中海風格後，浴室也變得浪漫了起來！

好似恐怖片的場景

但現在卻清爽得好像可以拍電解質飲料廣告的場地。

迷上光線傾泄而入的浴室

　　當我辭職後的空檔，我便開始整修浴室。高齡四十的它，是個在夏天恐怖到讓人發抖；在冬天又讓人冷到發抖的地方。當初來看房子時，我其實不喜歡裡頭的樣子，但我對它有個很深的第一印象，那時正好是下午，浴室裡巨大的窗子照進了大片陽光，就算不開燈也有足夠的明亮度。和仲介公司的人一起來的那天，我就已經看到了將這裡轉變為地中海風格的可能性。但我還是以忙碌為藉口，住了一年之後，才趁新春時以紀念離職之名，戲劇化地改變了它！

　　隨著每個人生活模式不一，賦予「家」這個空間的意義也有些許不同。對我來說，浴室是個讓我整理思緒、湧現靈感的場所。我可以一邊坐在馬桶上，一邊讀書作為我心靈的糧食。尤其在我哼著歌洗澡時，各種靈感就會一一湧現出來。在我的生活中，浴室的確是個最舒服，且最能讓想像力甦醒過來的空間。

　　從小時候開始，每當我看到地中海的照片，眼神就會變得迷濛，心也會變得很柔軟。我曾夢想穿梭在藍色的海與白色的巷弄中，景象鮮明地好似我真的曾住過一樣。也許是因為當時有個電解質飲料的廣告，當中出現的女演員，渾身散發出了「你必須幸福，這世界也才會幸福」的氛圍，真是擄獲了好多人的心啊！因此，我便打算將浴室打造成地中海的風格。這裡最重要的角色，就是在地中海邊的室內裝潢中，經常看到的帶有質感的置物架。這裡用無支柱的方式掛上原木置物架，再塗上具有防水機能的保護漆。牆面框架中的照片，則是某位經營旅行部落格的外國女士授權給我使用的。託這張照片的福，我經常想像當我走過去框架那邊，似乎自己也置身在那裡的街道漫步呢！就算只是坐在馬桶上，我竟也能體驗到好似身處郊外般的愉快感覺！

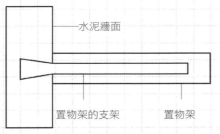

水泥牆面

置物架的支架　　置物架

無支柱置物架的構造　是在水泥牆上穿洞，並以鐵釘將置物架牢牢固定在上面，這是插在凹槽內的構造。因為固定鐵釘並不容易，在薄木板或石膏板上設置也很困難。

01

將作為置物架的原木，用 10 公釐的鑽頭鑽出可放入基礎螺栓的洞。

02

在牆壁上鑽出可固定基礎螺栓的洞，其直徑為 13 公釐，深度 4 公分。

03

將直徑 9.6 公釐，深度 15 公分的基礎螺栓放入牆內，並將螺絲鎖緊固定。

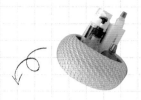

將原木置物架上預先挖的洞與基礎螺栓對好，插入後就可固定在牆壁上。不太容易插入時，可在置物架上墊一層毛巾，然後用錘子將螺栓敲進去。

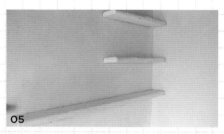

塗上白色水泥漆，也可在掛上原木置物架前漆好。

與牆壁相連的邊角，或是木板與木板間的邊角部分，也要塗成白色。全部用砂紙打磨過，就能做出細緻的線條和質感。

白色水泥漆雖然能耐濕氣，對於經常接觸到水的部分，仍可塗上防水漆或清漆來保護木材。

利用小道具讓空間更協調

　　我原本是一個連釘子也不會釘的男人，經過一年DIY室內裝潢的作業，現在居然可以獨力完成地中海風格的置物架，很神奇吧！不論什麼事，只要帶著想要了解的心、努力收集資料，並親自嘗試去做的話，就可以產生出KNOW-HOW，這是在每個領域當中皆不變的法則。連最近主婦們間流行的北歐風格設計小物，那些我也全都會做。其實這裡畢竟不是我的家，沒辦法將它完全改造，這時就可以利用一些小道具，遮掉髒亂或難看的部分，或也有作畫龍點睛之效。舉例來說，我將鍋爐輸送管和纏繞的電線用玫瑰花圈來遮蔽了，而髒亂又充滿了痕跡的門，就漆上地中海風格的藍色，再掛上魚為主題的畫作。事實上，雖然受限於場所和費用，反倒能夠激發出很多獨特的巧思，也許是為了找出解決方法，經常查資料且常常思考的緣故吧！門上掛著魚的圖畫，也是在便宜的畫布上直接繪製而成的。還有用鐵絲籃當作書架來使用的「書籃」，製作完成後也深得我心。

以魚為主題的畫布

01

將畫布的邊緣折起來並大致縫起來。

02

直接塗上壓克力顏料的話，會變得像油漆一樣硬，所以要先加水調成適當的濃度，也要注意不要摻太多水，免得會太淡，然後就可以大致畫出魚的輪廓。

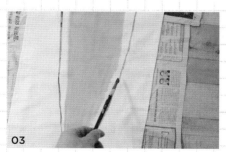

03

決定好魚的大小，接著描繪出輪廓線，並修飾細節。這樣的設計是以三至四歲幼兒的畫風來畫的，所以就大膽地嘗試著畫吧！

04

這張畫是我參考 Almedahls 水果盤所畫出的魚。其實，就算對畫畫沒有自信，也可以模仿馬克杯或是 T 恤上的圖案來畫，一樣可以製作出可愛的裝飾品。

壁掛裝飾盤

在搜尋地中海的照片時，看到有些人將盤子貼在牆壁作裝飾。看著這些漂亮的裝飾盤，就好像到了下午茶時間一樣悠閒自在呢！於是我也想仿效，但在韓國國內似乎很難找到那樣的盤子。雖然有些裝飾盤很特別，但價格太貴，讓我無法下手。於是，我再次覺悟到「想擁有的東西很難得手」時，那就自己動手做吧！我在大型美耐皿自助餐盤上，使用壓克力顏料，依著佛洛伊德說探尋「潛意識中」的紋樣，一筆一劃地完成了它。

從小就很喜歡也很擅長做手工藝，這可是承襲自爺爺的手藝呢！小時候做美術作業時，爸爸也會插手幫忙，只是他的水準太高，作品看來精細又困難，任誰也不相信是出自小孩之手，但我相信當時爸爸應該很陶醉在手作的樂趣裡。而現在，我也全然享受製作裝飾盤的過程，不知覺好幾個小時就過去了。同時也更能體會爸爸當時的感受。對大人們來說，在這所有東西都用電腦製作的時代，手作的趣味是必要的且重要的。我眾多夢想之一，就是開一家風格特殊的咖啡店，或是為了大人們所經營的玩具店，而現在，我已經開始用別人家的浴室當作練習對象了呢！

製作手繪裝飾盤

01 在盤子上漆上底漆。底漆用在平整的表面上，可讓油漆或顏料順利附著上去。

02 用剩下的油漆或壓克力顏料漆上底色，漆兩次便可以漆得均勻平整。

03 發揮工匠的精神，繪出自己想要的紋樣。利用水壺蓋或圓規，就可以輕易的畫出圓形。

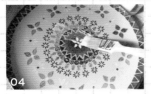
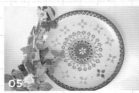

04 塗上有光澤的清漆，裝飾盤馬上就變得閃閃發亮！

05 參考下一頁「在牆上掛裝飾盤的方法」，將盤子掛在牆上。

在牆上掛裝飾盤的方法！

利用放盤架 先在牆上釘釘子，然後利用市面上賣的鐵製或粘貼式放盤架來掛裝飾盤。其缺點為鐵環尾端會在盤子上方露出來，且價格並不便宜。

利用針和線 用電鑽或錐子，在美耐皿或塑膠盤上鑽洞，再將線穿入做成吊環。若是不易打洞的盤子或是瓷盤，可用摩擦力大的毛線做帶子，交叉之後在盤子上貼成吊環。在塑膠盤上貼毛線也算是容易的。

將大頭針垂直地插入壁紙內，然後將盤子上的吊環掛在大頭針上。這樣做的話就能夠不傷害壁面，而且能用相當便利的方式懸掛較重的物品。

因為中學上美術課時看過梵谷的畫，讓我開始喜歡向日葵。我想要種出那樣美麗的向日葵，便在去年植樹節早早起床，在上班前將向日葵種子種在庭院裡。

向日葵真的會長大嗎？我帶著一半擔憂、一半期待的心情等了一週，向日葵終於發芽了。當下再次感受到初中時第一次種豌豆，看到新芽冒出時那種說不出來的感動！

向日葵長大的過程中，也常被麻雀們咬了好幾口。

差點因為天氣乾燥而死去。

即便如此，或許是向日葵本身就帶著太陽的魔力吧！後來居然長得比我還高呢！

最後，招引來在首爾很難得看到的熊蜂，居然還看到了蝴蝶交配哩！

我打算用梵谷對繪畫的熱情，創作出屬於我的印象派作品。在我的相機鏡頭下，
向日葵便成為我獨特的模特兒！

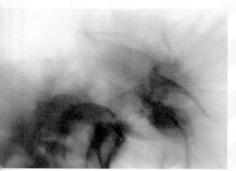 

採收完向日葵種子之後，我到處分送給朋友和鄰居，卻還是剩下許多。我想，若在漢南洞辦個「尋寶遊戲」會如何呢？因為身邊的素材變多，也成為讓日常生活變趣味的調味料了！

我將向日葵種子和軟糖包裝好，寫了短箋放進去，製作出六個寶物袋。

　　我用帽子和口罩遮住自己的臉，然後前往「漢南百慕達三角洲」去放寶物。「漢南百慕達三角洲」指的是漢南交流道。因為它三角形的構造，人們和自行車進到這裡就會消失，所以就隨興取了這樣的名字。因為這個活動，這裡也成了漢南洞鄰居們經常到訪的場所哦！

　我在三角形花壇的每個邊角藏了六個寶物袋，並將這個場所公布在部落格上，但不到一天就全被找到了。原來不只是漢南洞的鄰居們，連在漢江邊推著娃娃車來的媽媽和小孩、在下班路上轉乘地鐵的上班族們都來了，說不定連大人們也喜歡尋寶遊戲哩！

　　比起我準備的禮物，裡面可是藏著更大的寶物呢！聽説向日葵種子在任何陽台和花壇都可以生長，向日葵若知道自己的子孫遍布各地，一定會很高興吧！

05 三十歲的工作室
將日常生活藝術化

當我開始試著打造充滿創意的環境，便持續做了一年的室內裝潢工作。所有細節我都親力親為，在這過程中，也開始察覺自己喜歡的事物為何。十歲時的我，喜歡做手工藝，但當時必須好好念書，後來我便忘記了自己有多麼喜歡手工藝。而現在三十歲的我，似乎回到了小時候，重新陶醉於手工藝的世界中！

Before

被弄髒的黃色地板，還有 110 伏特的插座孔，留住了歲月的痕跡。

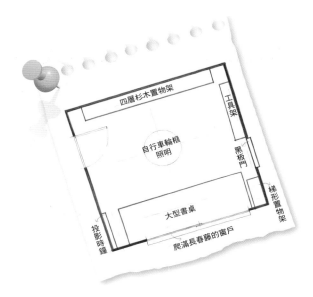

四層杉木置物架

工具架

自行車輪框
照明

黑板門

梯形置物架

大型書桌

投影時鐘

爬滿長春藤的窗戶

After

黃色的地板搖身一變成了百葉窗,而佔滿壁面的投影時鐘,讓時光再次轉動起來。

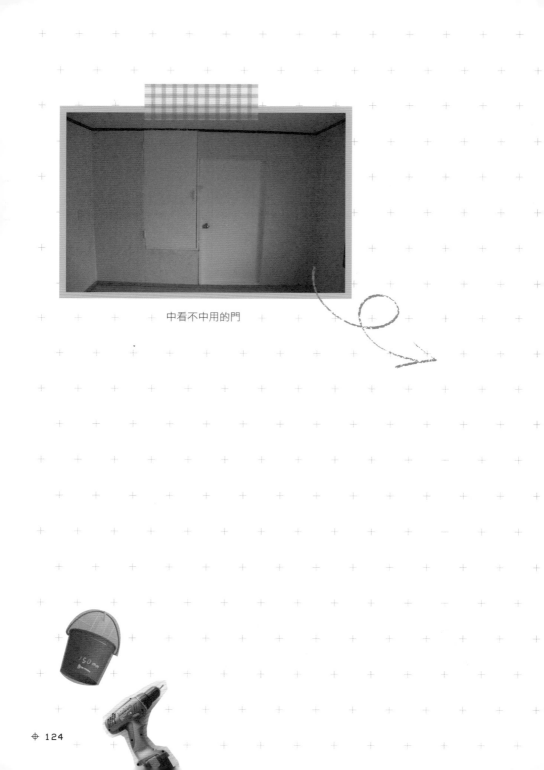

中看不中用的門

變成了經常使用的黑板

白天是黃色的百葉窗，到了傍晚就變成黃色的燈罩背景，
讓空間染上乾淨的氣息。

爬滿長春藤蔓的窗戶

　　房間已經很小了，若連窗戶也小的話，一定有被關著、被壓榨勞工的感覺。幸好這窗子大到好像塞滿牆面一樣。因為時值春天，我把原先的毛玻璃窗拿下來，本來是黑色的窗框也漆成白色，並在窗框旁裝上漆成白色的原木，並放上綠油油的花盆，漂亮地讓我絲毫不羨慕那些裝潢特別的住辦大樓。從事室內裝潢作業的過程中，常會因為偶然的驚喜而感到很過癮。就像這面窗，當我取下毛玻璃後，映入眼簾的就是爬滿長春藤蔓的窗景。垂墜在窗上的長春藤，自成另一個畫框，還能藉此感受到季節的變換。五月時的草綠色畫框，到了秋天時，就自動地變成棕色的畫框。

為窗戶增添色調

窗戶是引進光線的地方,就算只是更換油漆的顏色,也會讓房間裡的氣氛變得完全不一樣。
至於門或家具,也可以用以下的方法來處理哦!

01

將窗戶從窗框上拿下來,並簡單地清理一下。

02

將原本漆上的清漆和油漆除去。要連油漆都
去掉是不容易的,因此只要將表面平整的清
漆去掉就好。先用100號的砂紙磨掉清漆,
再用200號的砂紙將表面磨亮。用砂紙來磨
木頭的邊角相當省力。

03

遇到凹凸的縫隙,可先將砂紙折出尖角,再
伸進縫隙裡磨。

04

砂紙的打磨作業結束後,再用濕抹布擦去油
漆和上面的碎屑。

05

為了讓玻璃不要沾到油漆,先貼上遮蔽膠帶。可以使用 3M 的魔術膠帶,撕下再貼也很容易。

06

漆上底漆 1-2 次,在漆第二次之前,要先等待一、二個小時以上,讓底漆乾燥之後再漆。使用海棉刷的話,不會留下太多刷過的痕跡,也不會讓底漆和油漆滴下來。

07

海棉刷是刷不到的窗框角落,可以使用舊毛筆來上漆。

08

將油漆反覆漆上 2-3 次,將本來的黑色窗框漆成白色,過程真的很費工,必須漆三次以上才會變成純白色。

09

按照個人偏好,塗上有光澤或無光澤的清漆。對於經常磨擦的地方,一定要塗上清漆才可以哦!

書桌讓想做的事變多了

　　喜歡登山的人，只要提到一雙好的登山鞋，就會讓整個人都變得超激動。對於我這種老想自己動手做的人來說，書桌就是這麼令人興奮的存在。這不只是擁有漂亮的書桌而已，它甚至會讓我產生「做出漂亮作品的錯覺」。對我來說，一張巨大的書桌是心中永遠存在的想望。只是尋找到理想中的書桌不但辛苦，價格也十分昂貴。就算真要忍痛購買，後續的配送和搬運也是很麻煩的問題。甚至有些家具會因為玄關門很窄而沒辦法搬進來，那就真的很可惜！而這張長 240 公分、寬 90 公分的巨大杉木書桌，散發出的並非有毒的甲醛，而是美好的芬多精，並且桌腳可與桌面分離的構造，在搬運上也很方便。彷彿用了這張書桌，就得努力做出不得了的作品呢！很多人喜歡我掛在浴室的那些裝飾盤，我還打算專門製作裝飾盤來賣呢！成功的話，甚至可以製作刺蝟模樣的筆筒、魚圖案的 T 恤……，哎呀！要做的事情忽然變多了起來！

製作書桌時，桌面是最重要的部分。因為大型原木板材是出自於大型的原木塊，区此價格昂貴，也很難買到。若是初次挑戰製作手工書桌，或是想壓低製作費用的話，使用集成木是很好的選擇。集成木是將零星的木塊拼湊製造出來的，其翹曲的情況也比原木來得少。

01

先到附近的木材店或網路 DIY 木材專賣店，訂購桌面用的板材，以及製作底盤、桌腳的連結板材，與圍住桌面邊緣的板材等三種板材。

02

用來連接桌面和桌腳的三個連接板材，使用木工膠來貼合，這時若想在書桌下方做抽屜，就要決定好中間的連接板材的位置。因板材會有稍微翹曲的情況，在木工膠完全乾燥之前，要用重物壓住使板材可以緊密貼合而沒有空隙。

03
為了防止翹曲，在貼合邊緣的木材製作要貫通雙邊的螺帽孔。鑽洞時要用零星的木塊墊底，可以阻隔鑽洞時不小心破壞到其他物品。事先用鑽孔機製作螺帽孔，是為了防止螺帽轉入時，木材發生裂開的情況。

04
在貼合邊緣的木材與桌面板材接觸的部分塗上木工膠。

05
將貼合邊緣的木材、桌面板材與連接板材排好，再利用已鑽好的洞，將螺絲鎖進去，讓木材可以完全連接在一起。

06

螺絲外露的部分，先塗上白色石灰，乾燥後再用砂紙磨光滑。

07

準備圓柱形的鐵製桌腳。這裡使用的是 IKEA 的 VIKA CURRY，因為價格低廉且簡潔大方，是許多人經常選用的產品。

08

在連接板材上先裝好桌腳的支架。

09

桌面板材的大小為長 240 公分，寬 90 公分，這麼大的書桌，若只裝四個桌腳，桌子容易劇烈晃動，且中間容易塌陷下去，因此需要裝六個桌腳。

10

將桌腳塞進支架內就完成了。大型書桌在搬家或移動時很困難，但這張手工書桌，只要將桌腳拔出就可以搬運，相當方便哦！

11

搬運時小心別傷到腰，將書桌扶正放好就完成了！桌子的邊角可用砂紙磨，或是在桌面塗上清漆的話，就能更安全且方便地使用了。

搖身一變的黑板

　　「黑板」這個字眼，可說是用來「公布事項」的代名詞。但學生時代上數學課時，老師總會不按牌理出牌：「今天是 15 號，所以我們不找 15 號同學，請 16 號出來解這個題目吧！」總讓我心臟驚嚇糾結。而為什麼別的科目都可以在位子上答題，只有數學課得出來解題？而又為什麼我是那倒楣的 16 號呢？讓我邊嘆氣又無力地往黑板走，活像個準備接受宣判死刑的犯人一樣。而且，為什麼數學老師總是有那種如老鷹銳利的眼神、小個子的中年男性呢？相較之下，我更喜歡帶著感性氣質的美術老師。因此，即使美術考試對入學考試的影響力微不足道，當時的我仍投入很多的努力。

　　趁著這次機會，我打算徹底克服「黑板」給我的陳舊痛苦記憶。我要將「黑板＝數學」的公式，轉換成「黑板＝美術」的概念，還要廣泛運用在我的生活中。其實，黑板並非只能是暗沉的深綠色，我為了製作出桃紅色和藍色的黑板，還親手調出黑板用的油漆，比一般的黑板漂亮多了。若在全國的學校推行這種黑板，說不定數學課就不會那麼沉悶了吧！紅紅綠綠的黑板看起來不但很美，實用性也很高。在門上就算只畫了十字形花紋，也會變成很耀眼的設計，有時還可作為紀錄行程的行事曆呢！

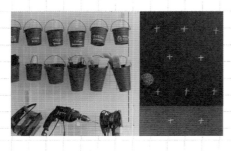

製作黑板和置物籃牆面

黑板不只可以當作四角形的板子，事實上，整個牆壁都可以當作是黑板，還可以將花盆、小東西漆上與黑板相同的油漆，加以活用的話，還可以延伸出數十種用途呢！不管什麼顏色都可以試試看，挖空心思發揮創造力吧！

01

準備好水性油漆、白水泥和無光澤的清漆，將這三者以8：1：1的比例混合，就能製成黑板用的油漆了。白水泥可以讓表面粗糙，讓粉筆粉末容易附著在上面，而清漆則有讓表面硬實的功能。依照取向不同，也可以略微調整它們的比例。

02

白水泥在社區的五金行就可以買到。直接和油漆混合的話，粉末會凝結而不會散開，所以要先加一些水來攪散它。

03

倒入想要的顏色的油漆，並充分攪拌。

04

最後倒入無光澤清漆，黑板用的油漆就完成了！

05

在鐵桶或鋁製的籃子上，來回塗 1-2 次底漆，並靜置等它乾燥。

06

將調好的黑板用油漆塗在底漆上。

07

反覆塗 2-3 次，表面塗得平整後就可以靜置晾乾。重新上漆之前，必須等上一次塗的油漆完全乾燥才可以再漆。

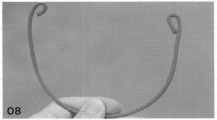

08

將鐵絲弄彎，做出把手的形狀，並用同樣的方法分別塗上底漆與油漆。

09

將把手用的鐵絲固定上去，就可以將置物籃掛在吊環上了。

10

用粉筆在上面塗鴉或寫字。想要擦掉時，只要利用濕抹布就可以擦得很乾淨了。

讓光線速度變得不一樣的輪框吊燈

　　若要把這裡當作發揮創意的空間，就不需要現成而精緻的室內裝潢。所謂創意，應該要兼具實用性與新穎的巧思，更要具備藝術性的美感。在這從事精細作業的工作室，明亮的照明是必要的，我想要的是掛上幾個燈泡的照明，但即使需求簡單但價格不斐，加上氣氛好的燈，掛在天花板低的工作室又顯得太累贅，吊掛型的設計容易讓人有每天用頭頂球的錯覺。煩惱了好幾天，忽然從鐵絲和呼拉圈得到了靈感！我只要用自行車輪框就好啦！每回靈感迸發的當下都讓我興奮不已！只要將電線捆在自行車輪框上，就成為獨樹一格的照明了。吊燈的長度也可以調整，若設置在天花板高的咖啡館，也可以垂得長一些。這就是讓光線速度變得不一樣的輪框吊燈！

利用自行車輪框製作的照明燈

室內照明能讓氣氛產生戲劇化的改變，但價格通常偏高。想要找到適合工作室的照明也很困難。而這個自行車輪框吊燈，實用大方且容易製作。安裝在天花板高的房子時，也可以垂下來一些，看起來會更美觀！

首先購買價格最低廉、構造最基本的燈座。可參考上面的照片，像這類設計簡潔的產品，可在網路上的燈具網站買到，社區裡的專賣店也很容易買到黑色塑膠製燈座。黑色燈座似乎帶有一種獨特的古典感。另外，也請準備好自行車輪框，以及帶有紋樣的遮蔽膠帶。

這種遮蔽膠帶，通常是女高中生用來裝飾日記本用的，不但容易取得，用來裝飾電線也很方便。只是若經常彎曲電線，久了膠帶就容易翹起來，因此也可以選擇不用膠帶包覆，塗上壓克力顏料也可以。

將原有的燈座拆卸後，會露出兩股電線。此時先將燈具支架掛上天花板，因天花板大部分是木板，只要用螺絲釘固定就可以了。換燈具時為了以防萬一，一定要先取下保險絲，在開關已關的情況下戴上手套來進行。若是如照片所示，用空手操作的話，有萬分之一的機率會感覺到殘留的電流。

04

將天花板的電線和燈座的電線連接起來，再用絕緣膠帶密實地包覆起來。此時不需要管正負極，只要兩邊的電線都接起來就可以了。

05

依照想要的長度，將燈座的電線往蓋子外面拉出，再用固定帶將電線捆起來。因為固定帶產生的結會卡在洞上，電線就不會往下掉了。

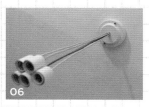

06

將蓋子固定在燈具支架上。

07

將每個燈泡的電線，像打結一樣地綁在自行車輪框上。

08

因為輪框很輕，只要綁上五條電線就足夠懸吊上去。

09

因為天花板很低，若覺得燈泡帶給人壓迫感，可用細鐵絲綁起來，讓燈泡的方向改為側邊。

10

除了可調整燈具的高度外，因為是自行車輪框做成的，這設計也讓燈具變得好像會旋轉一般，十分特別。

激發創意的小東西

我認為若想讓巧思源源不絕，就要適度接受生活中的各種刺激。因此，在我的工作室內，到處充斥著稀奇古怪的小玩意！

投影的時鐘與掛滿名錶的門
我將男性雜誌附刊裡出現的高級名錶，全都剪下貼在門上，這門看起來可是值 8 億啊！每晚我都在思考怎麼擺設時鐘，回想起從前就夢想在家裡放一個巨大的時鐘，某天就產生了「大王時鐘」的靈感呢！

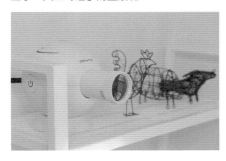

I-PHONE 的不插電喇叭

在我的工作室裡沒有任何電子產品，所以必須用 I-phone 聽音樂，而這個類似喇叭的東西，只利用物理性質就能讓聲音增幅。將雜誌的一頁或是喜歡的大型海報捲起來，就可以充當喇叭了，不但視覺效果很好，音質也有不一樣的變化。

雪怪書擋

這個齜牙咧嘴的可愛傢伙是傳說中的雪怪，無論什麼東西都背得動。來吧！連熊也被牠背起來了呢！

帳篷布做的花盆
帳篷布的重量超輕，且絲毫不用擔心被摔壞。
這真是深得我心的設計！

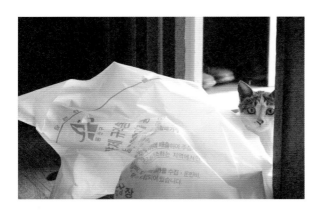

與貓咪「金泰熙」同住的一年

　　第一次見到這隻貓，是搬來沒幾天時，在牆壁塗油漆偶然遇見的。那時房子都還沒整理完，所以我買了炸雞充當一餐，牠聞到了垃圾袋中藏不住的炸雞味，到處東翻西找時便看見了我，嚇了一跳就跑掉了。只憑那一眼的印象，我就看出牠是隻骨瘦如柴的流浪貓。不久之後，小傢伙居然在院子裡放了一隻無頭的麻雀，然後轉頭就走。我原先以為這是牠用來嚇我的報復手段，後來才知道，在貓的世界裡，這其實是個特別的禮物。不管收到的人是否喜歡，貓咪都會偷偷地躲起來，然後靜觀其變。看來，牠對我的第一印象似乎還不錯哩！

　　小傢伙和另一隻個子差不多小的貓，偶而會來我的花壇裡玩。這兩隻貓有頗為浪漫的一面，牠們會在早上藏在樓梯間，欣賞在紫丁香樹上一個勁地叫個不停的麻雀；白天會在向日葵的陰影下趴著打盹，用尾巴有一下沒一下地拍著地面，夜晚則是在花壇裡打滾玩摔跤。有時我打電腦打到一半，從窗戶往外看，常會發現貓咪用前掌壓住越過花壇的蟑螂。神奇的是，那麼靈活、人們想抓也抓不到的蟑螂，這兩隻速度不太快又瘦巴巴的貓，卻能一箭步的踏死蟑螂。牠們似乎在蟑螂會出現的路上走來走去，牠們也會毫不留情的玩弄著蟑螂。在某個夏天，一連傾盆大雨終於停止的某天，我看到小傢伙進入向日葵樹葉間，叼著另一隻似乎是剛死去沒多久的幼貓走出來。大樹雖然可以遮雨，但對連日來的大雨實在起不了太大的遮擋作用。我把死去的幼貓埋在花壇的角落，倘若貓咪可以好好地長大的話，應該也會喜歡我種的向日葵吧！後來，我才知道不論是流浪貓還是家貓，只要埋在土裡就是非法行為，因為會產生衛生問題。人們不但搶去動物的居住地，連要將自然生命再次回歸於自然，都要被視為非法行為，這件事實在讓我心裡不舒服。

　　聖誕節時，我和招待的客人們嘰哩咕嚕地聊到清晨，在只剩下寂寞的早晨，我發現了另外兩個客人來過的蹤跡。季節轉為冬天之後，小傢伙們準備過冬的貯藏工作似乎變得很辛苦，所以我買了飼料，偶而會放在院子角落給牠們。從那之後，小傢伙們就天天跑來院子報到。我也給小傢伙們取了名字哦！老想吃魚的大傢伙因為眼神漂亮，所以叫牠「金泰熙貓」，長得很像但個子較小的傢伙，我就叫牠「青少年貓」。我看著地上的腳印，兩隻貓似乎來到飯碗前，縮著身體待了一陣子才走掉的吧！因為我要招待客人，壓根就忘了飼料的事。牠們是不是看到碗裡堆著雪，所以失望地走掉了呢？我得去超市買更好吃的飼料回來才行，因為是聖誕節啊！

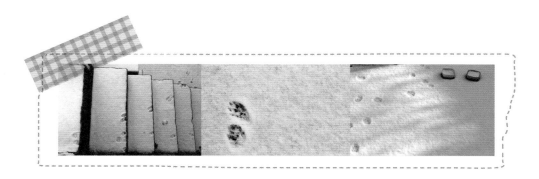

　　青少年貓不知是曾經離家過，還是無法忍受冬天的寒冷，一到春天後，來我家的就只有金泰熙貓了。只留下一個飯碗，裡面空空如也。在不知不覺間，我似乎對牠們產生感情了啊！金泰熙貓現在看到我不再一溜煙的跑掉，和第一次遇見牠時相比，牠也已是個完全不同、胖嘟嘟的傢伙，也開始常在柔軟的椅子上睡午覺；一張被我棄置的椅子，現在倒成了這傢伙的沙發了。

春天在打理好的屋後空地，經常能看到這傢伙玩耍的樣子。金泰熙貓似乎也很中意這塊空地哩！事實上，這傢伙常跑來玩也是件好事，因為麻雀們總會來吃空地所種的蔬菜，只要一看到有貓的目光掃過來，就會紛紛走避。貓大王經常出沒的話，我就可以種下更多的新芽了。現在這些傢伙對照相也不會緊張，漸漸能在鏡頭前怡然自得的展現各種模樣。我一邊拍照一邊觀察牠，才驚覺牠並不是變胖，似乎是懷孕了啊！這讓我開始擔心起來。絕對不要發生像去年一樣的事情……

　為了讓追麻雀的傢伙也能有個舒適的家庭，我在花壇做了個貓屋。它既是貓咪住的，我就以貓咪的型為外觀，讓它成了名副其實的「貓屋」！我用杉木原木來製作貓屋，它不但會散發出對身體好的芬多精，上面還塗了防水油漆，就算下雨也非常穩固。我還拿用不到的亞麻布窗簾給牠做了床，若是下雨的日子，還會放上雨傘給牠充當雨具。不過這傢伙並不進去住，牠似乎只把這裡當作吃飯、暫時休息的「別館」吧！更讓我心痛的是，這傢伙似乎喜歡在貓屋下面休息，遠勝於進到貓屋裡去。我開始懷疑，為什麼我要花整整一星期打造這棟貓屋呢？引用《小王子和狐狸》的對話，似乎就是目前最適切的註解了吧！

　「……假如你馴養我，我們彼此就會互相需要。你對我而言，將是世上唯一的存在；我對你來說，也將成為世界上唯一的存在。」

打造貓咪小屋

如果掛著貓咪臉蛋就是貓屋，而掛著小狗臉蛋的就是狗屋了。若想放在室外，就必須使用防水木這類可防止濕氣的木材。完成後覺得超可愛，還因這設計申請到專利呢！貓咪真是上天帶給我的禮物哩！

先畫出貓屋的設計圖。將用完剩下的零星木材保存起來，在這時就可以派上用場了！研究出簡單又可愛的造型，就可以減少作業的工程，也可以節省木材的使用量哦！

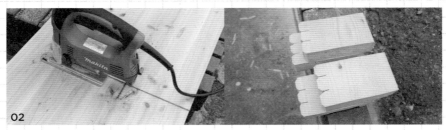

裁切出合乎設計圖尺寸的原木。只要準備五萬韓元左右的曲線鋸，用在木工作業上就綽綽有餘了。當作貓屋底座的貓咪腳掌，用曲線鋸也能很輕易地鋸出邊角。

接下來要做貓屋的入口。若要將板材中間切開或挖洞，需先用鑽孔機將鋸子可伸進去的洞鑽出來，之後再將曲線鋸放入洞內裁切，這樣在板材中間才可以做出截斷面。

將截斷面用砂紙磨得平整。一開始先用號數低的砂紙打磨，最後再用 220 號的砂紙磨，就能將表面磨得光滑又整齊。

作為貓屋的框架與貓臉模樣的入口，以及當作底座的貓咪腳掌和耳朵、尾巴等裝飾部分，也利用適當的板材和角材製作完成。

若要將貓屋設置在室外，就必須塗上防水油漆。若是設置在室內，直接使用原木或是塗上一般油漆即可。防水油漆必須來回塗兩次，若希望露出原木的木紋而使用透明漆時，要等第一次上的油漆完全乾燥後再漆第二層。

也可以考慮漆上多種油漆來作裝飾。不透明油漆與透明油漆的性質並不相同，第一次上的油漆會形成一層膜，在上面漆第二層時，請注意不要讓底層油漆的顏色露出來哦！

使用螺絲釘或木工膠，將各個部分組裝起來。用木工膠貼合的部分，需等一天左右讓它完全乾燥。

09

利用聖誕節彩帶和裝飾品，製作出大鈴鐺的項鍊，這世界上最可愛的貓屋就大
功告成了！喵嗚~~

我和房屋建造者的
外孫女往來的信件

 後記 →

很高興收到您的回信。

看了您在部落格上的照片，我才發現那房子是我外公建造的，貿然跟您聯絡，其實心裡有點擔憂，很怕您覺得奇怪或唐突，也沒有期待會得到您的回信，為此真是萬分感謝！收到 e-mail 後，我問媽媽這棟房子的屋齡，她說房子是 1974 年建造的，幾乎快要 40 歲了呢！雖然難以置信，但聽說 1973 年時，漢江的水還曾經淹沒那塊地。（究竟是因為附近的抽水站也泡了水，還是淹水後才建了抽水站，媽媽說得很模糊，所以我也不太清楚。）在那之後，外公買了那塊地，將原先在那裡的舊房子改建成新房子。不知道現在還在不在，不過當時外公在花壇下方的一樓，開了一家房地產仲介所。雖然他不是專門蓋房子的人，但聽說他真的蓋了很多房子。只是那條巷子窄到連車子也開不進來，導致當時蓋房子是相當辛苦。院子裡的棗木，是爺爺奶奶去世前就已經死掉而拔除了，而紫丁香木則是媽媽和奶奶一起種下的。雖然它是屋齡很久的房子，不過外公外婆在世時維持得非常乾淨。外公一點一滴地整修了這個房子，而外婆則是個做事乾淨俐落的人，在我的記憶中，外婆家的房子從來不是老舊而髒亂的，但外公外婆十年前離開後，這裡似乎變了很多呢！

地板很寬，我猜想進出這個家的人一定很多吧！我記得這個家，也是慢慢地拓寬變大的。曾在那房子裡住過的人有外公、外婆和小叔叔，不過叔叔結婚之後，到他們生第一胎時都還住在那裡，所以最多不超過五個人。不過，包含我們家，連舅舅們也住在附近，爺爺的兄弟們也算多，不論在過年過節或祭祖時，整個家族熱鬧地聚在一起，到現在我還記憶猶新。就算有那麼多的親戚，但打開所有的門，讓屋內的地板連通之後，擁擠的感覺似乎也消失不見了呢！

附上一張在那棟房子拍下過的照片。這是哥哥在花壇前拍的。

您說您在收集「偶然」，我似乎也在偶然之間，收集了許多寶貴回憶呢！ :D

珠妍

收到這封意外的信，我環顧屋內，想像著以前曾住在這裡那個家族生活的一點一滴。對我來説，這些記憶似乎還綿延著……！過節時，親戚們聚在一起的寬廣客廳，現在是我和朋友們聚會的好場所。我清楚地體認到，當人們生活的空間不同，生活的樣貌也會隨之改變。為了讓生活有所變化，我整理出嶄新的空間，但我的人生真能這麼快地改變嗎？其實我也不太確定。我想，我還是會繼續想像今後各個人生變化的時刻吧！

　　我並不是室內裝潢的專家，雖然主修室內設計，但因為週遭人的評語和意見，才讓我慢慢變得更幹練、更成熟，做出符合趨勢潮流的設計出來。也許，當時我本來不會選擇這棟老房子，但只因我想要一個能「刺激想像力的空間」，而決定在這裡進行布置改造，讓它以嶄新的面貌、重新展現出吸引人的一面。不過，我只喜歡按照自己的喜好來表現，後來，反而變成許多人放置零碎材料的空間。開始嘗試室內裝潢作業，大部分是搬來這棟房子後才第一次做的。我認為，每個人只要有工具和時間，並且喜歡這樣充滿趣味的生活方式，那就沒什麼做不到的事。雖然我只能算是一個入門者，但還是打算將這樣的經驗説明並分享，不過將這些過程整理成冊之後，看來似乎又過於簡單。也許有人會跟著照做，也可能有人只是坐而言不願起而行。但所謂DIY修繕的本質，就是「節省費用，身體力行地為房子裝修！」希望有興趣的人，務必要慢慢地、喜悅地、扛起一切一步步來落實每項細微的工作！

　　人生和室內裝潢相比，也有異曲同工之妙。收集喜歡的事物，並且試著研究和表現出來，將這些事物集合起來之後，就能帶來一個新的機會，讓我們更加了解自己究竟是怎樣的人。我一個平凡人，改建了我租的房子、陶醉在每個日常生活中，當我看著這些點滴的改變，即使只是一塊小小的空間，也會為生活帶來更多刺激與變化……。就算這是本毫不起眼的小書，我也會因它的誕生而感到驕傲。

2012 年秋，李江山

P.26-27 **床** IKEA DALSELV Bed frame + Eclipse 雙面床墊。 **電燈** SB 普羅旺斯 一級吊燈 **紅色櫥櫃** IKEA HELMER Drawer unit on castors RED **椅子** IKEA Stefan Chair **椅墊** IKEA LENDA Chair pad RED **檯燈** IKEA LERSTA Reading/floor lamp **檯燈下方的桌子** IKEA LACK Side table WHITE **地毯** Hanilcarpet Touch me 超細纖維地毯 150 x 200 cm **附座位的桌子** IKEA 深咖啡色桌子 KLUBBO Coffee table TV bench **收音機** LEXON FOAM radio LA76 **壁紙漆** Dunn-Edwards 油漆 DE5505 天鵝絨（需求量：壁面 3，天花板 4L），樹與人們 www.jeswood.com（油漆隨著光線不同，色澤也會有所差異。若是希望擁有照片上那樣的感覺，請選擇更偏黃色的系列）

P.31 **牆壁** HANDY COAT light（一面牆 6kg 左右） **投影機** LG HX350T 投影機 **喇叭** Britz BR-1800C Plus **踢腳板** 赤松 3600 x 89 x 19mm（使用大約四塊），或是替代的特殊木材

P36-37 **原木置物架** 原木 3850 x 289 x 35mm 赤松原木，或是替代的特殊木材 www.wood21.co.kr **支架** 15 x 20cm，每個約 1000 韓元，HAFELESHOP www.hafeleshop.co.kr **鑽孔機** BLACK&DECKER 有線電動鑽孔機 HM13（施工方法在 P.38-40）

P42-43 掛照片用的鐵絲 繩子和吊環 每個約 1000-2000 韓元，磁鐵 ND 磁鐵 5 x 5mm，（製作方法在 P.44-45） **百葉窗** 白色鋁製百葉窗，WINDOWOWNSTYLE www. windownstyle.com

P46-47 地板 LG Z:IN SK50841-01 爵士，WORLDHOUSING www.worldinplus.com（使用方法在 P.46-47）

P.56-57 廚房照明 喇叭形軌道照明，門把網路商店 www. moongori.com **客廳照明** SIMPLE ROUND 5 級 - 黑，BUYBEAM 照明 www.buy-beam.com **紅色牆壁** 樹與人們 油漆 premium collar RED DEA107 低光澤，樹與人們。 **洗手台改善** Dunn-Edwards 油漆 DEA187（黑） 無光澤 1L，樹與人們，ALPHA 清漆 Matte 無光澤 500ml，SONJABEE 網路商店 www.sonjabee.com（施工方法在 P.84-85） **廚房牆面瓷磚** 玻璃磚 23mm 紅色，HANIL 磁磚接著套組（磁磚接著劑，勾縫材），全部在 SONJABEE 網路商店購買（施工方法在 P.86-87）

P58-59 灰色牆壁 HANDY COAT+ 組合油漆 **相框** 帶有溫暖感覺的相框 10 入組

P64-65 原木餐桌 挖好洞的平整板材 3600 x 184 x 19mm，3600 x 89 x 19mm（製作方法在 P66-69） **踢腳板** 赤松板材 3600 x 89 x 19mm **裝飾** 赤松角材 3850 x 38 x 38mm，或是其他替代的特殊木材 **原木座椅** IKEA IVAR Chair **白色椅子** 請搜索「Eiffel 椅子」

P76-77 大型畫布 一面 10 數 畫布 白，天使唷 www.1004yo. com，釘槍、赤松角材、角鐵（製作方法在 P.78-79）

P100-101 白色牆壁 HANDY COAT 耐水性的 **藍色門的油漆** Dunn-Edwards DEA136（Beautiful Blue），樹與人們 **浴室照明** 普羅旺斯 壁燈 1 號，1200M www.1200m.com **魚畫布** 一面 10 數 畫布 白色 150cm， 天使啃（製作方法在 P.109） **毛巾架** IKEA BLECKA Hook，7 x 5cm **原 木箱子裡的乾燥花** 綠茶花的乾燥花

P102-103 裝飾油漆 DEW380（白），樹與人們 **天花板油漆** 藍色油漆和白色油漆混合，樹與人們 **裝飾盤** 美耐皿盤 直徑 40cm，7000 韓元＋壓克力顏料（更多樣化的圖案請看 P.174-176） **無支柱的置物架** MAGGADA 4329 曲線鋸，有線電錘， BLACK&DECKER，水泥用 13mm 電錘鑽頭，HAFEL 鑽頭組，HEAFELSHOP，固定組 9.6mm x 150mm 工具 mall（製 作方法在 P.106-107） **鏡子** 其他人自製稍小的木頭框鏡子 35 x 45cm，NTOCO www.ntoco.com **置物架上的玻璃容 器** IKEA LIMMAREN 四件組 **置物架上的圓形收納盒** IKEA FRYKEN 一盒三件裝，20 x 15 x 10cm **藍色裝水的玻璃瓶** RED SWING 玻璃瓶 250ml **原木紅色桶** 赤松角材 3600 x 38 x 38mm，挖好洞的平整板材 3600 x 189 x 19mm，或 是其他替代特殊木材

P130-131 白色牆壁 HANDY COAT light（一面牆需要 5-6kg） **窗戶上 掛著的紙掛勾** Tree&Bird 掛勾 sky， 1300K www.1300k.com **天花板裝飾** 赤松 角材 3600 x 38 x 38mm，或 是其他替代特殊木

P132-133　書桌上的水桶 MIJELLO 多功能水桶 2L，HOTTRACKS　黃色檯燈 夾式檯燈等　筆記用品整理台 KVISSLE desk organizer 筆記用品與小東西的整理台，DONAMO www.donamo.co.kr　板夾 大寫字母板夾，1300K　書擋 Yeti 書擋 2P，1300K　**IPhone4 用的不插電喇叭** 錄音 craft　**大型原木書桌** 桌面：2440 x 915 x 24mm，SEGP 杉木，連接板材：SPF 構造材 ROYAL 3600 x 140 x 38mm，貼合邊緣的木材：赤松乾燥板材 3900 x 89 x 19mm（2 個），或是其他替代的特殊木材，書桌桌腳：IKEA VIKA CURRY 桌腳 4 個組合（製作方法在 P.138-141）

P136-137 百葉窗 NEO PLATED SHADE 黃色，195 x 130cm，原圖風格　窗邊的花盆 帳篷布綠色花盆，LITTLEFAMERS www.littlefamers.kr

P142-143　**黑板用的油漆** HOMESTAR 粉筆 OK 油漆 彩虹色（一個壁面需要 1L），三花 HOMEDECO www.djpi.co.kr + 白水泥，五金行 3000 韓元（製作方法在 P.144-145）　籃子 IKEA SOCKER Plant pot，直徑 12cm，高 10cm　**掛籃子的網狀籬笆** 護欄網，120 x 180cm，STOREHOUSE www.e-storehouse.com

P.146-147　**自行車輪框照明** 26 吋 自行車前輪輪框 + 迷你冰淇淋吊燈等（5 組，包括 5 個白色燈泡），VIVINALIGHTING www.vivina-lighting.com（製作方法在 P.148-149）

P150-151 投影時鐘 beam clock（白），APARTAMENTO www.apartamento.co.kr 鐵絲手工娃娃 鐵絲動物裝飾品 3P 套組，1200M

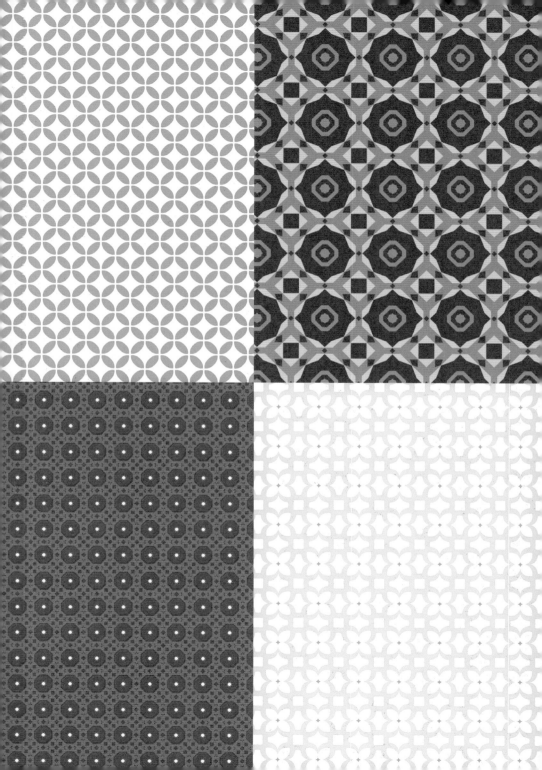